GENIALE KÖPFE
DER NATURWISSENSCHAFTEN

Von Marie Curie bis Stephen Hawking:
50 inspirierende Lebensgeschichten
aus der Welt der Wissenschaft

Text Isabel Thomas
Illustrationen Jessamy Hawke

INHALT

4 **Vorwort**

Bedeutende Biologie

8 Maria Sibylla Merian
10 Mary Anning
12 Gregor Mendel
14 Alfred Russel Wallace
16 Nettie Stevens
18 George Washington Carver
20 Joan Beauchamp Procter
22 Rachel Carson
24 Sabiha Kasimati
26 Rosalind Franklin
27 Francis Crick & James Watson
28 Bauplan des Lebens
30 Endel Tulving
32 Yuan Longping
34 Dian Fossey
36 Mayana Zatz

Großartige Chemie

40 Antoine Lavoisier
42 Jeong Yak-yong
44 Edward Jenner
45 Louis Pasteur
46 Dmitri Mendelejew
48 Carl von Linde
50 Robert Koch
52 Shibasaburō Kitasato
53 Alexandre Yersin
54 Marie Curie
56 Alexander Fleming
58 Kuroda Chika
60 Alice Ball
62 Im Labor
64 Rita Levi-Montalcini
66 Dorothy Hodgkin
68 Akira Yoshino
70 Quarraisha Abdool Karim

Lektorat Katie Lawrence, Kathleen Teece,
Sally Beets, Olivia Stanford, Issy Walsh,
Jonathan Melmoth, Sarah Larter
Gestaltung und Bildredaktion
Bettina Myklebust Stovne, Brandie Tully-Scott,
Sumedha Chopra, Diane Peyton Jones
Herstellung Abigail Maxwell, Ena Matagic,
Francesca Sturiale
Fachliche Beratung
Dr. Stephen Haddelsey, Lisa Burke

DK | Penguin Random House

Für die deutsche Ausgabe:
Programmleitung Monika Schlitzer
Redaktionsleitung Martina Gföde
Projektbetreuung Sebastian Twardokus
Herstellungsleitung Dorothee Whittaker
Herstellungskoordination Bianca Isack
Herstellung Claudia Bürgers
Covergestaltung Sonja Gagel

Fantastische Physik

- 74 Galileo Galilei
- 76 Isaac Newton
- 78 Michael Faraday
- 80 Ernest Rutherford
- 81 Niels Bohr
- 82 Albert Einstein
- 84 Emmy Noether
- 86 Erwin Schrödinger
- 88 Grace Hopper
- 90 Welt der Computer
- 92 Mary Golda Ross
- 94 Chien-Shiung Wu
- 96 Albert Baez
- 98 Katherine Johnson
- 100 Neue Materialien
- 102 Gladys West
- 104 Sau Lan Wu
- 106 Francisca Nneka Okeke

Erde und Sterne

- 110 Aglaonike von Thessalien
- 112 Shen Kuo
- 114 Nasir al-Din al-Tusi
- 116 Nikolaus Kopernikus
- 118 Andrija Mohorovičić
- 120 Alfred Wegener
- 122 Unsichtbares sehen
- 124 Edwin Hubble
- 126 Cecilia Payne-Gaposchkin
- 128 L'udmila Pajdušáková
- 130 Katia & Maurice Krafft
- 132 Stephen Hawking
- 134 Neil deGrasse Tyson
- 136 Weitere kluge Köpfe
- 140 Begriffe
- 142 Register
- 144 Dank und Bildnachweis

Titel der englischen Originalausgabe: Scientists

© Dorling Kindersley Limited, London, 2021
Ein Unternehmen der
Penguin Random House Group
Alle Rechte vorbehalten

© der deutschsprachigen Ausgabe by Dorling
Kindersley Verlag GmbH, München, 2022
Alle deutschsprachigen Rechte vorbehalten

Jegliche – auch auszugsweise – Verwertung, Wiedergabe, Vervielfältigung oder Speicherung, ob elektronisch, mechanisch, durch Fotokopie oder Aufzeichnung, bedarf der vorherigen schriftlichen Genehmigung durch den Verlag.

Übersetzung Karin Hofmann
Lektorat Regine Gerst

ISBN 978-3-8310-4381-1

Druck und Bindung
TBB, a.s., Slowakei
www.dk-verlag.de

VORWORT
von Isabel Thomas

Stell dir vor, du beschäftigst dich *jeden* Tag nur mit deinem Lieblingsthema. Das klingt zu schön, um wahr zu sein – aber genau das tun Wissenschaftler. Sie forschen, experimentieren und versuchen, mehr über die Dinge herauszufinden, für die sie sich am meisten interessieren, egal, ob das nun Diamanten oder Dinosaurier sind, Pandas oder Planeten, Vulkane oder Viren.

Wissenschaftlerinnen fangen nicht bei null an, sondern bauen auf früheren Ideen und Entdeckungen auf. Isaac Newton nannte das „auf den Schultern von Riesen stehen". Es bedeutet, dass im Lauf der Zeit sogar die berühmtesten, weltverändernden Ideen verfeinert oder durch bessere ersetzt werden.

In der Wissenschaft geht es nicht darum, die klügste Person im Raum zu sein, sondern um Neugier, Zusammenarbeit und das Hinterfragen bereits bekannter Ideen.

In diesem Buch findest du Geschichten über unglaubliche Durchbrüche und geniale Entdeckungen – aber du erfährst auch, dass Forschende ganz normale Menschen sind. Menschen, die Spaß und Freundschaften lieben. Menschen, die manchmal große Hindernisse überwinden müssen. Menschen, die nicht alle Antworten haben, sondern nur viele Fragen.

Diese Geschichten zeigen auch, dass es viele Möglichkeiten gibt, Wissenschaft zu betreiben. Einige Wissenschaftler schauen durch Teleskope oder Mikroskope. Einige mischen Chemikalien oder lassen Partikel aufeinanderprallen, um neue Ideen zu testen. Andere forschen oder experimentieren nur in ihrer Fantasie. Aber Wissenschaft ist keine Wissenschaft, wenn sie geheim gehalten wird. Daher feiert dieses Buch auch Menschen, die sich dem Verbreiten und Erklären neuer Ideen und Entdeckungen widmen und andere dazu inspirieren, ebenfalls zu forschen!

Wenn es darum geht, einen Planeten zu kühlen, eine Spezies zu retten oder eine Pandemie zu bekämpfen, ist die Wissenschaft unser bestes Werkzeug, um herauszufinden, was schiefgelaufen ist und wie man Abhilfe schafft. Auch *du* kannst dieses Werkzeug verwenden. Die Wissenschaft ist so vielfältig wie das Leben selbst und das Streben nach Wissen wird niemals enden. Lass dich von deiner Neugier leiten und von den genialen Köpfen in diesem Buch inspirieren.

BEDEUTENDE BIOLOGIE

Die Biologie ist das Studium aller Lebewesen in unserem Universum, von den kleinsten Mikroben bis hin zu den größten Tieren und Pflanzen. Biologen versuchen, Lebewesen zu verstehen – wie sie sich entwickeln, wie sie zusammenleben und warum sie erfolgreich sind oder scheitern.

MARIA SIBYLLA MERIAN
Deutsche Naturforscherin und Künstlerin (1647–1717)

Merian wuchs vor über 300 Jahren auf, als das Leben der Insekten noch ein Rätsel war. Die meisten Menschen hatten Angst vor den Krabbeltieren und glaubten, dass sie aus Dreck und Abfall entstanden. Die 13-jährige Merian war jedoch furchtlos. Sie sammelte Raupen in einer Kiste und fütterte sie mit Maulbeerblättern und Salat. Erstaunt stellte sie fest, dass die Raupen Kokons bildeten und sich schließlich in flatternde Seidenmotten verwandelten.

Über 50 Jahre lang wiederholte Merian dieses Experiment mit Hunderten verschiedener Insekten. Sie zeichnete jede Phase ihrer Entwicklung und kombinierte sie zu wunderschönen Gemälden, die als eine der ersten den Lebenszyklus der Insekten darstellten, wie wir ihn heute in der Natur.

Merian notierte kleinste Details, wie die staubigen Schuppen der Flügel der Schmetterlinge.

Merian zeichnete Pflanzen, die Insekten als Nahrung dienen, und den Kampf ums Überleben in der Natur.

Neue Sicht auf die Natur

Die Verwandlung einer Raupe in einen Schmetterling war nur einer der natürlichen Vorgänge, die Merian bemerkte. Sie malte Insekten nicht wie tote Ausstellungsstücke. Ihre Kreaturen waren voller Leben – sie wuchsen und veränderten sich.

... zum Schmetterling!

... zur Puppe ...

Von der Raupe ...

Reise in die Tropen

Merian wurde bald bekannt für ihre Gemälde von europäischen Raupen. Nach ihrem Umzug in die Niederlande besichtigte sie Sammlungen tropischer Insekten. Die schönen Kreaturen waren jedoch tot und getrocknet. Merian wollte sie aber krabbeln, fressen und herumfliegen sehen. Nach Jahren der Planung machte sie sich auf zu ihrer ganz eigenen wissenschaftlichen Expedition – nach Surinam in Südamerika.

Im heißen, feuchten Surinam ruderte Merian auf der Suche nach spektakulären Tieren oft durch Gewässer voller Kaimane – einer gefährlichen Krokodilart. Zwei Jahre lang bestaunte sie die tropischen Spinnen, Schlangen und Insekten. Zurück in den Niederlanden verwandelte Merian ihre Notizen und Skizzen in ein wundervolles Buch – *Metamorphose der Insekten von Surinam*. Ihr Werk gefiel Königen und Königinnen und wurde jahrhundertelang von Naturforschern studiert. Aber vielleicht würde Merian sich am meisten über die nach ihr benannten Kreaturen freuen – eine Eidechse, eine Spinne, zwei Käfer und neun Schmetterlinge.

Die Eidechsenart Salvator merianae ist nach Merian benannt.

MARY ANNING
Englische Paläontologin (1799–1847)

Im 19. Jahrhundert zahlten Museen und Sammler viel Geld für die versteinerten Überreste längst toter Pflanzen und Tiere, und die Paläontologin Mary Anning hatte ein Talent dafür, sie zu finden. Anning wurde in Lyme Regis in Dorset (England) geboren, einem der besten Orte der Welt, um nach Fossilien zu suchen. Ihr Vater sammelte zum Spaß Fossilien und brachte seinen Kindern bei, wie man sie findet. Als er starb, wurde der Verkauf dieser Fossilien die einzige Einnahmequelle der Familie.

Im Jahr 1811 entdeckte Annings Bruder einen riesigen fossilen Schädel, der aus einer Klippe ragte. Langsam und vorsichtig grub die 12-jährige Anning das ganze Skelett aus dem Fels. Dieses Skelett, das bald unter dem Namen Ichthyosaurier bekannt wurde, war der Beginn von Annings Karriere als berühmte Fossilienjägerin.

Fossilien sind Steine, die uns die Formen uralter und ausgestorbener Pflanzen und Tiere zeigen.

Der Plesiosaurier sah so seltsam aus, dass andere Paläontologen ihn zunächst für eine Fälschung hielten!

Annings Plesiosaurier ist noch heute im Museum für Naturgeschichte in London (England) ausgestellt.

Ichthyosaurier

Der Schädel, den Anning und ihr Bruder fanden, gehörte einem Meeresbewohner, der damals als „Fischechse" bekannt war und vor etwa 200 Millionen Jahren lebte. Er wurde für viel Geld an einen Sammler verkauft.

Fossilienjägerin der Extraklasse

Anning verbrachte den Rest ihres Lebens damit, in Dorset nach Fossilien zu suchen. Aus Büchern lernte sie alles über Gesteine und die Zusammensetzung von Tierkörpern. So gelang es ihr, versteinerte Knochen auszugraben, ohne sie zu zerbrechen. Danach setzte sie die Skelette der urzeitlichen Tiere wie 3-D-Puzzles zusammen.

Andere Paläontologen reisten nach Dorset, um von Anning zu lernen und sich von ihren Entdeckungen zu neuen Ideen anregen zu lassen. So veränderten Fossilien allmählich die Art und Weise, wie wir über die Erde und jedes Lebewesen denken.

Anning fand sogar heraus, was Tiere der Urzeit gefressen hatten, indem sie Koprolithen untersuchte – den versteinerten Kot dieser Tiere!

Die Jura-Küste in Dorset ist noch heute eine gute Stelle, um nach Dinosaurierfossilien zu suchen.

Die beste Zeit, um Fossilien zu finden, ist nach einem Sturm, wenn Teile der Klippen abgebrochen sind. Die Arbeit kann gefährlich sein. 1833 tötete ein Steinschlag Annings geliebten Hund Tray.

Plesiosaurier

1823 entdeckte Anning als erster Mensch ein versteinertes Plesiosaurierskelett. Dieser „Seedrache" war über vier Meter lang, mit einem langen Hals wie eine Giraffe und Flossen wie ein Seelöwe.

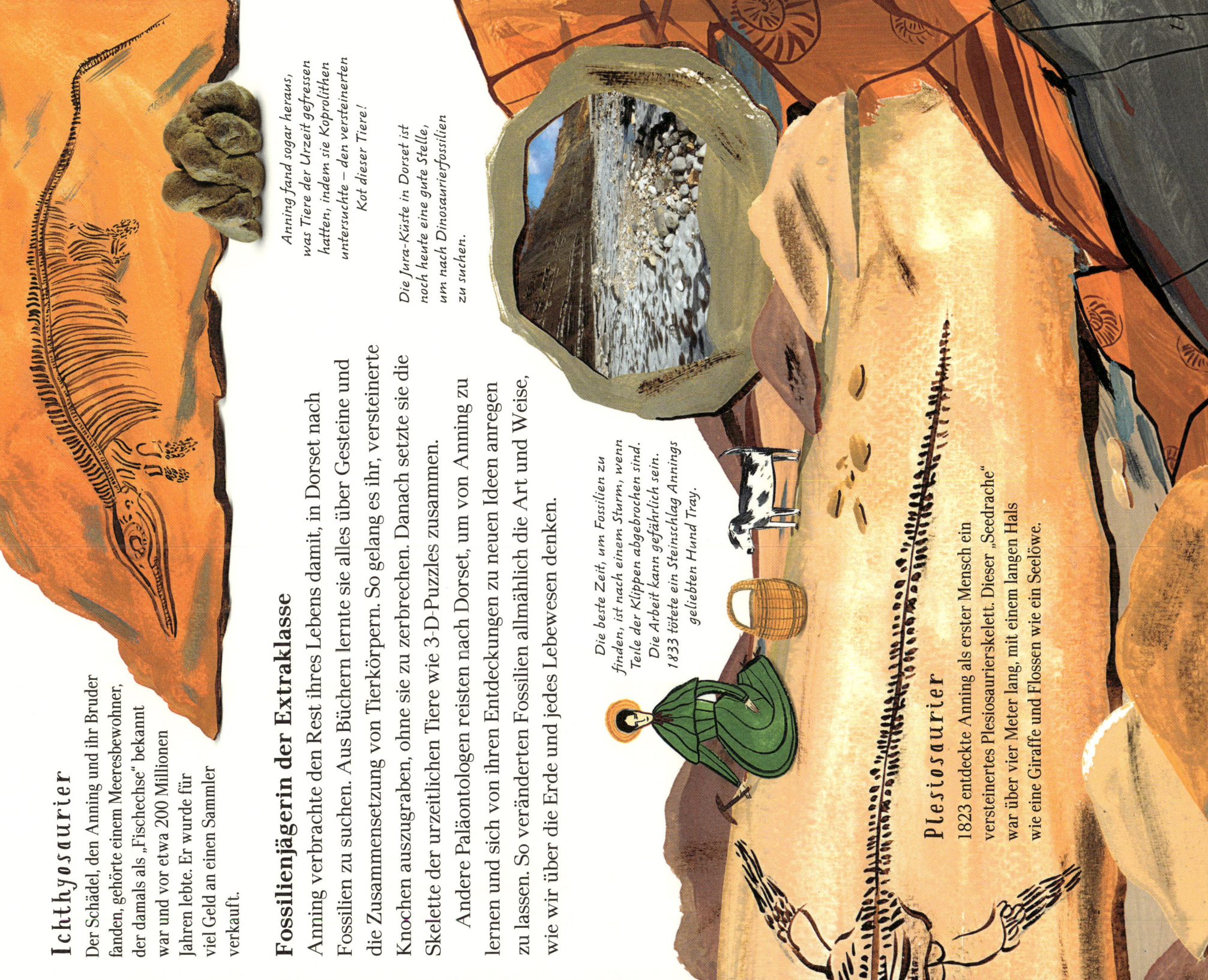

GREGOR MENDEL
Tschechischer Genetiker
(1822–1884)

Gregor Mendel war der Sohn eines Bauern, doch nachdem er Physik und Philosophie an der Universität studiert hatte, beschloss er, in ein Kloster einzutreten und Mönch zu werden. Auf diese Weise konnte er noch weitere Naturwissenschaften und Mathematik studieren. Im Kloster unterrichtete er Schüler und führte Experimente im Klostergarten durch. Als er schließlich Abt wurde – die Person, die das ganze Kloster leitet –, hatte er keine Zeit mehr für seine Pflanzen. Dennoch hatte er bereits eine wichtige Entdeckung gemacht.

Geheimnis

Mendel wollte wissen, wie Pflanzen bestimmte Eigenschaften an ihre Nachkommen weitergeben. Er beschloss, dieses Geheimnis mit seinen mathematischen und naturwissenschaftlichen Fähigkeiten zu erforschen.

Merkmale

Mendel untersuchte Erbsenpflanzen. Sie sind leicht zu züchten und ihre Merkmale, etwa die Farbe der Blüten, sind gut zu unterscheiden.

Im 20. Jahrhundert half Mendels Arbeit anderen Wissenschaftlern zu zeigen, wie Variation – die natürliche Bandbreite der Unterschiede innerhalb einer Art – entsteht und vererbt wird.

Genetik-Genie

Mendel kreuzte Erbsenpflanzen mit unterschiedlichen Merkmalen, wie violetten oder weißen Blüten. Aus den Samen zog er neue Pflanzen und notierte, welche davon lila oder weiße Blüten besaßen. Aus dem Physikstudium wusste Mendel, dass Experimente oft wiederholt werden müssen. Also kreuzte er auch die neuen Pflanzen.

Im Lauf der Zeit sammelte Mendel eine riesige Menge an Daten und erkannte Muster, die niemand zuvor bemerkt hatte. Er stellte fest, dass einige Pflanzen Informationen **sowohl** für violette **als auch** für weiße Blüten besaßen, aber nur eine davon an ihre Nachkommen vererben konnten. Mendel erstellte Regeln, um zu beschreiben, wie diese einfachen „Erbfaktoren" funktionieren. 1909 wurden diese Faktoren in „Gene" umbenannt und die Wissenschaft der Genetik begann.

Starke Gene

Als Mendel Pflanzen mit violetten Blüten und Pflanzen mit weißen Blüten kreuzte, hatten alle Nachkommen, auch zweite Generation genannt, violette Blüten.

Genpaare

Als Mendel aus der zweiten Generation neue Pflanzen züchtete, tauchten wieder Pflanzen mit weißen Blüten auf! Das Verhältnis war eine weiße Blüte auf drei violette Blüten.

ALFRED RUSSEL WALLACE

Britischer Naturforscher und Biologe (1823–1913)

Du hast eine weltverändernde Idee — was nun? Wie schaffst du es, dass die Kinder in 150 Jahren deinen Namen in der Schule lernen? Charles Darwin wurde berühmt für seine Evolutionstheorie der natürlichen Auslese. Aber Alfred Russel Wallace hatte zur gleichen Zeit die gleiche Idee. Warum hat die Geschichte ihn fast vergessen?

Wallaces Familie war nicht so reich wie die von Darwin. Wallace verließ die Schule im Alter von 14 Jahren, um Geld für seine Familie zu verdienen. Er wurde erst Landvermesser, dann Lehrer. Als Wallace über Darwins Reise auf der HMS Beagle las, beschloss er, genug Geld zu sparen, um selbst die Welt zu bereisen.

Viele Vögel, die Wallace sammelte, waren der Wissenschaft bisher unbekannt.

Wallace zeichnete viele Skizzen, die er in seinem Buch Der Malayische Archipel veröffentlichte.

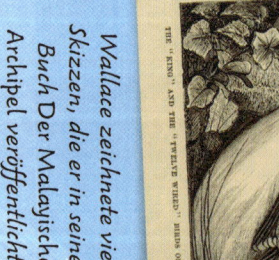

Dies ist der Wallace-Flugfrosch, der von Wallace entdeckt wurde.

Von der Natur inspiriert

Wallace unternahm zwei lange Reisen, die erste führte ihn zum Amazonas nach Südamerika. Auf der Rückfahrt fing das Schiff jedoch Feuer. Wallace verlor fast alle Exemplare, die er gesammelt hatte. Er ließ sich davon aber nicht entmutigen. 1854 machte er sich zu einer neuen Expedition zum Malaiischen Archipel (dem heutigen Malaysia und Indonesien) auf. Dort sammelte er fast 126 000 Exemplare, vor allem Pflanzen und Insekten.

Wallace begann, darüber nachzudenken, warum es so viele verschiedene Tierarten gibt und wie sie sich im Lauf der Zeit verändern oder entwickeln. Die Antwort fand er, als er eines Tages mit Fieber im Bett lag: natürliche Auslese.

Natürliche Auslese

Die meisten Pflanzen und Tiere haben mehr Nachkommen, als überleben können. Diese Nachkommen haben unterschiedliche Eigenschaften. Diejenigen, die am besten für ihren Lebensraum geeignet sind, überleben eher und zeugen selbst Nachkommen. Die Eigenschaften, die ihnen zum Überleben verholfen haben, werden weitergegeben. Wallace erkannte, dass dies erklärt, wie sich Arten im Lauf der Zeit verändern und anpassen.

Charles Darwin

Wallace wusste, dass sich der Naturforscher Charles Darwin (1809–1882) ebenfalls für die Evolution interessierte. Er schrieb ihm einen Brief, in dem er seine Idee erläuterte. Darwin war schockiert, dass jemand dieselbe Idee hatte, an der er seit fast 20 Jahren arbeitete!

Was geschah danach?

1858
Darwin stellt Wallaces und seine Theorien der natürlichen Auslese anderen Wissenschaftlern vor. Da Wallace noch auf Reisen ist, erfährt er davon erst später.

1859
Darwin veröffentlicht sein Hauptwerk Über die Entstehung der Arten. Er erregt damit viel Aufsehen.

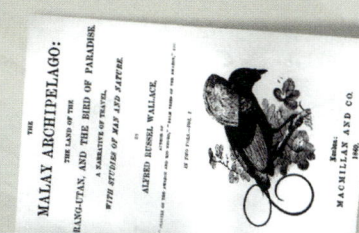

1869
Wallace kehrt nach England zurück. Er unterstützt Darwin und schreibt eigene Bücher, darunter Der Malayische Archipel.

um 1860–1880
Die meisten Leute verwenden den Begriff „Darwinismus", um die Evolutionstheorie zu beschreiben, aber Wallace hat nichts dagegen – er ist Darwins größter Fan!

um 1930–1950
Biologen interessieren sich wieder vermehrt für die natürliche Auslese. Darwins Buch voller Beweise steht erneut im Mittelpunkt und sein Name wird wieder bekannt.

NETTIE STEVENS
Amerikanische Genetikerin (1861–1912)

Vom Käfer bis zum Blauwal haben die meisten Tierarten zwei Geschlechter: männlich und weiblich. Um sich fortzupflanzen, bildet der Körper weiblicher Tiere spezielle Zellen, die Gameten. Sie enthalten die Hälfte der „Bauanleitung" für ein neues Tierbaby. Die Gameten männlicher Tiere enthalten die andere Hälfte der Anleitungen. Wenn sich diese beiden Anleitungen in einer Eizelle zusammenfügen — in einem Vorgang, den man Befruchtung nennt —, beginnt sich die Zelle zu einem neuen Tierbaby zu entwickeln.

Aber warum entwickeln sich manche Eizellen zu weiblichen Tieren und andere zu männlichen? Nettie Stevens war die erste Wissenschaftlerin, die diese Frage beantwortete.

Nach den Wimpertierchen untersuchte Stevens die Gameten und befruchteten Eier von Mehlwurmkäfern.

Die ersten Lebewesen, die Stevens untersuchte, waren Wimpertierchen, die aus nur einer Zelle bestehen.

Wimpertierchen

Mehlwurm-Chromosomen

Stevens betrachtete die Chromosomen des Mehlwurms unter dem Mikroskop. Mehlwurmkäfer haben 20 Chromosomen, die in 10 Paaren angeordnet sind. Stevens bemerkte, dass Zellen der weiblichen Käfer jeweils 20 große Chromosomen enthalten. Zellen männlicher Käfer enthalten jedoch 19 große Chromosomen und 1 kleines Chromosom.

Ein großes Chromosomenpaar erinnert an den Buchstaben X. Deshalb wird es X-Chromosom genannt. Das kleine Paar bezeichnet man als Y-Chromosom.

Das Geheimnis der Chromosomen

Stevens untersuchte die Chromosomen – winzige Gebilde, die die Bauanleitungen für jede Zelle enthalten – von Mehlwürmern. Sie stellte fest, dass das zehnte und letzte Chromosomenpaar je nach Geschlecht des Käfers ungleich groß war. Weibliche Käfer können nur große Chromosomen vererben. Männliche Käfer können jedoch entweder ein großes oder ein kleines Chromosom vererben. Wird das kleine Chromosom vererbt, entwickelt sich das Ei zu einem Männchen, wenn das große Chromosom vererbt wird, entwickelt sich das Ei zu einem Weibchen. Dies war ein großer Durchbruch, um die Funktionsweise von Zellen zu verstehen.

Stevens veröffentlichte ihre Forschung 1905, aber leider starb sie, bevor bewiesen war, dass ihre Ergebnisse für alle Tiere mit männlichem und weiblichem Geschlecht gelten. Dazu gehört auch der Mensch mit 23 Chromosomenpaaren.

GEORGE WASHINGTON CARVER

Amerikanischer Landwirtschaftsforscher und Erfinder (um 1864–1943)

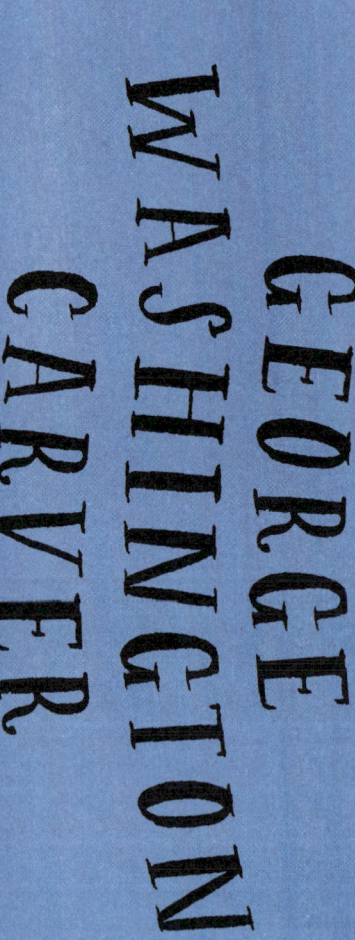

George Washington Carver war das Kind von Sklaven. Dies bedeutet, dass er und seine Familie keine Rechte hatten und ohne Bezahlung auf einer Farm arbeiten mussten.

Als Carver wenige Jahre alt war, wurde die Sklaverei in den USA verboten, aber er blieb auf der Farm. Er liebte Gartenarbeit und beschäftigte sich gern damit, wie man den Boden verbessern und pflanzenfressende Schädlinge fernhalten kann. Als Carver etwa zwölf Jahre alt war, verließ er die Farm. Zu dieser Zeit war es für einen afroamerikanischen Jugendlichen unmöglich, einen Platz an einer höheren Schule oder an einer Universität zu bekommen.

Erdnussöl

Erdnussmehl

Carver entwickelte über 300 verschiedene Produkte aus Erdnüssen, darunter Mehl, Öl, Kunststoffe und Seife.

Studium der Landwirtschaft

Erst mit etwa 30 Jahren wurde Carver an einer landwirtschaftlichen Hochschule aufgenommen, wo er Landwirtschaft studierte. Carver erlangte schnell einen Ruf als großartiger Wissenschaftler. 1896 wurde er eingeladen, sich dem Tuskegee Institut in Alabama anzuschließen, um seine eigenen Forschungen durchzuführen. Carver mochte die Wissenschaft, weil er damit Menschen helfen konnte. Er wollte vor allem das Leben der Farmer verbessern, von denen viele früher selbst Sklaven gewesen waren.

Einer der Mondkrater wurde zu Ehren von Carver nach ihm benannt.

Carver reiste herum, um sein Wissen mit den Farmern zu teilen und ihnen neue Techniken beizubringen. Dabei diente sein Wagen als Klassenzimmer.

Anfangs wollten die Bauern keine anderen Pflanzen anbauen, auch wenn diese den Boden verbesserten. Aber schon 1915 zählten die Farmen im Süden der USA durch Carvers Fruchtfolge-Methode zu den größten Lieferanten von landwirtschaftlichen Produkten. Erdnüsse waren von da an eine der wichtigsten in den USA angebauten Nutzpflanzen.

Carver fand neue Wege, um Süßkartoffeln nicht nur als Nahrung zu verwenden. Aus Teilen der Pflanze ließen sich auch Stoffe, Seile, Gummi und Kleber herstellen!

Fruchtfolge-Methode

Im Süden der USA wurde vor allem Baumwolle angebaut. Sie verbrauchte jedoch alle Nährstoffe im Boden und dadurch fiel die Ernte immer geringer aus. Carver entdeckte, dass der abwechselnde Anbau von Erdnüssen, Sojabohnen und Süßkartoffeln dem Boden half, verlorene Nährstoffe zurückzugewinnen. Diese Methode nennt man Fruchtfolge.

JOAN BEAUCHAMP PROCTER

Britische Zoologin (1897–1931)

Als Kind liebte Joan Beauchamp Procter Reptilien mehr als jedes andere Tier. Da sie aber sehr oft krank war, kam ein Zoologiestudium an der Universität leider nicht infrage. Procter schrieb jedoch an den leitenden Herpetologen (Person, die Reptilien und Amphibien studiert) des Britischen Museums in London. Er war so beeindruckt von Procters Wissen über Reptilien, dass er ihr eine Stelle im Museum anbot. Dort entwarf Procter Schaukästen und Postkarten. Sie begann auch, bei der Gestaltung der Tierhäuser im Londoner Zoo mitzuwirken. 1923 erhielt sie ihren Traumberuf: Sie wurde Leiterin des Reptilienhauses im Londoner Zoo.

Procter schrieb mit 19 Jahren ihre erste wissenschaftliche Arbeit über Grubenottern.

Procter wurde für ihr Wissen über Reptilien weltberühmt. Ihre bekannteste wissenschaftliche Arbeit handelt von der Spaltenschildkröte.

Procter soll ein Krokodil als Haustier gehalten haben, aber wahrscheinlich war es nur eine Eidechse.

Regulation der Körperwärme

Procter erkannte, dass Reptilien ihre Körperwärme nicht selbst erzeugen können. Sie brauchen Sonnenlicht, um sich aufzuwärmen, und Schatten, um sich abzukühlen. Procter installierte Sonnenlampen und beheizte Felsen, um den Reptilien zu helfen, ihre Temperatur zu kontrollieren. Auf diese Weise brachte sie die Tiere auch dazu, sich dort hinzusetzen, wo Besucher sie bewundern konnten.

Um Procter zu ehren, wurden zwei Reptilienarten nach ihr benannt: die Schlange Buhoma procterae und die Schildkröte Testudo procterae.

Gegen Ende ihrer Zeit im Zoo konnte Procter nur noch im Rollstuhl umherfahren, weil es ihr so schlecht ging.

Dach und Wände des Reptilienhauses wurden aus Glas gefertigt, denn Sonnenlicht ist für die Gesundheit der Reptilien wichtig.

Mehr Komfort für Kriechtiere

Procter wollte das beste Reptilienhaus der Welt bauen. Dazu musste sie all ihr Wissen über Reptilien und über die Orte, an denen sie in freier Wildbahn lebten, kombinieren. Die Einrichtung des Hauses mit Höhlen, echten Bäumen und Wasserbecken sollte den Lebensräumen der Reptilien ähneln. Procter ließ sich sogar Kakteen und Schlangen aus den USA schicken, damit sich die Wüstenschlangen wie zu Hause fühlten. Damit sich kein Schimmel bildete, wurden die Wände mit Autolack gestrichen, der sich leicht reinigen ließ. Procters Reptilienhaus wurde 1927 im Londoner Zoo eröffnet und war ein großer Erfolg. Das Haus wird übrigens heute noch benutzt.

Procter hatte selbst vor den größten Reptilien, wie dem riesigen Komodowaran, keine Angst.

RACHEL CARSON
Amerikanische Biologin, Autorin und Ökologin (1907–1964)

Rachel Carson bezeichnete sich selbst R als „Poetin des Meeres". Sie erkundete die Küste mit allen Sinnen und schrieb ausführlich über ihre Empfindungen, damit jeder den weichen Nebel spüren, die salzige Luft riechen und die rauschenden Wellen hören konnte.

Carson wollte schon immer Schriftstellerin werden. Als Jugendliche sah sie zum ersten Mal das Meer und wusste sofort, dass sie auch Biologin werden musste. Sie träumte davon, Ökosysteme — Gemeinschaften von Pflanzen und Tieren, die zusammen in einem bestimmten Gebiet leben — zu studieren und möglichst viel über die Natur zu lernen.

„Und wo stecken die Menschen, die angeblich einsehen, wie wertvoll die richtige Umwelt für die Erhaltung wild lebender Tiere ist?"

Hummer

Strandschnecke

Einsatz für die Natur

Carson verband ihre Ausbildung zur Biologin mit ihrer Liebe zum Schreiben und zur Natur. Als wissenschaftliche Autorin schrieb sie Radioreportagen über das Meeresleben. Sie schrieb auch viele Zeitschriftenartikel und eigene Bücher. Durch ihre poetische Sprache und wissenschaftlichen Kenntnisse brachte Carson die Menschen dazu, sich mehr für die Natur zu interessieren.

Carson zeigte in ihren Forschungen und Büchern, dass der Mensch ein Teil der Natur ist. Sie erzählte, wie uns die Wissenschaft geholfen hat, die Wunder der Natur zu entdecken. Aber sie warnte auch vor den Schäden, die der Mensch an Ökosystemen anrichten kann. Carsons Arbeit bewirkte, dass in den USA neue Gesetze erlassen wurden und sogar eine Regierungsbehörde gegründet wurde, die sich um den Umweltschutz kümmert.

Carsons Buch Stummer Frühling macht den Menschen klar, dass sie sich um die Umwelt kümmern müssen.

Carsons erste Bücher handelten von der Küste, dem Teil der Natur, den sie am meisten liebte. Ihr Buch Wunder der Meere wurde zu einem preisgekrönten Film.

Schädliches DDT

Carson machte die Welt darauf aufmerksam, dass der Einsatz starker Chemikalien wie Dichlordiphenyltrichlorethan (kurz DDT) zur Vernichtung schädlicher Insekten auch anderen Wildtieren schadete. Acht Jahre nach ihrem Tod wurde DDT in den USA verboten.

Durch DDT zerstörte Vogeleier.

Als angehende Wissenschaftlerin studierte Carson das Leben von Welsen.

Aal

Wels

SABIHA KASIMATI

Albanische Ichthyologin (1912–1951)

Sabiha Kasimati war Albaniens erste Wissenschaftlerin und erste Ichthyologin (Fischwissenschaftlerin). Sie wurde dafür berühmt, dass sie sich für Wissenschaft und Vernunft einsetzte, als diese in ihrem Land in Gefahr waren. Kasimati wuchs in der Türkei und in Albanien auf. Sie lernte mehrere Sprachen und studierte Biologie in Italien. Danach kehrte sie nach Albanien zurück, um am Naturwissenschaftlichen Institut zu arbeiten. 10 Jahre lang erforschte Kasimati die Fische in Albaniens Teichen, Flüssen, Seen und Lagunen. Aber sie musste bei allem, was sie tat und sagte, sehr vorsichtig sein. Albanien wurde damals von Enver Hodscha regiert, einem Diktator, der seinen eigenen Willen mit Gewalt durchsetzte. Menschen, die ihn verärgerten, wurden eingesperrt, weggeschickt oder sogar getötet.

Die Fischerei war in Albanien wichtig, aber kein Wissenschaftler hatte zuvor die Fische des Landes wirklich untersucht. Kasimati war die Erste, die die Fische in Gruppen einordnete, ihre Lebensräume in Karten eintrug und ihr Leben erforschte.

Forschungszentrum

1948 hatte Kasimati die Idee, das Albanische Museum für Naturwissenschaften zu gründen, das heute ihren Namen trägt. Es ist nicht nur ein Museum, sondern ein Forschungszentrum für die Vielfalt der albanischen Tierwelt, einschließlich der Fische.

Mutige Tat

Es war eine besonders gefährliche Zeit für Wissenschaftler. Forschende sind Menschen, die immer nach Beweisen suchen und merken, wenn jemand Lügen erzählt. Kasimati war entsetzt, als sie hörte, dass Hodscha einen ihrer früheren Lehrer für Naturwissenschaften zum Tode verurteilt hatte, weil er Hodschas neue Regeln nicht gut fand. Kasimati kannte Hodscha, denn sie waren Klassenkameraden gewesen. Deshalb ging sie mutig zu ihm und sagte ihm, dass es falsch war, was er tat.

Nicht lange danach wurde Kasimati verhaftet und eines Verbrechens beschuldigt, das sie nicht begangen hatte. Sie bekam keine Gelegenheit, sich zu verteidigen, denn Hodscha ließ sie ohne Gerichtsverfahren hinrichten.

Adria-Forelle

Schwarzer Zwergwels

Regenbogenforelle

Rapfen

Fluss-Schleimfisch

Marmorkarpfen

ROSALIND FRANKLIN
Englische Chemikerin (1920–1958)

Mitte des 20. Jahrhunderts bemühten sich mehrere Wissenschaftler darum, ein geheimnisvolles Molekül mit dem Namen Desoxyribonukleinsäure (abgekürzt DNA) zu verstehen. Es findet sich in den Zellen jedes Lebewesens. Die Forschenden wussten zwar, dass die DNA die Anleitungen zum Bau von Lebewesen enthält, aber sie hatten keine Ahnung, wie der Prozess funktionierte! Rosalind Franklin war Expertin darin, winzige Moleküle zu fotografieren. Im Mai 1952 machte sie ein einzigartiges Foto, das als Foto 51 bekannt wurde. Es zeigte, dass die DNA wie eine verdrehte Leiter geformt war. Franklin hatte einen wichtigen Teil der Lösung gefunden. Sie half damit anderen Wissenschaftlern herauszufinden, woraus die DNA besteht.

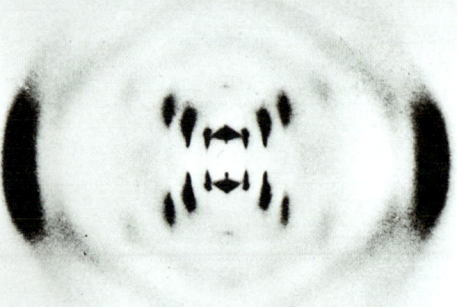

Röntgenkristallografie

Rosalind Franklin fotografierte nicht mit einer gewöhnlichen Kamera. Sie schickte kristallisierte Moleküle durch Röntgenstrahlen durch kristallisierte Moleküle. Die schattenhaften Muster, die dabei entstanden, zeigten an, wie die Atome innerhalb der Moleküle angeordnet waren.

Die verdrehte Leiterform der DNA nennt man Doppelhelix.

FRANCIS CRICK & JAMES WATSON

Englischer Molekularbiologe (1916–2004)

Amerikanischer Molekularbiologe (geb. 1928)

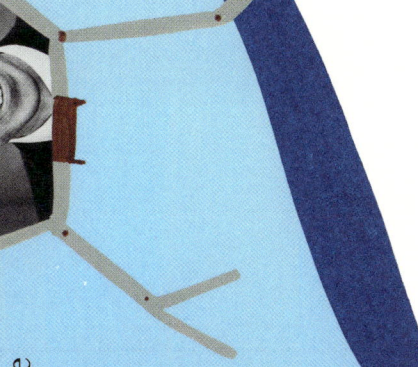

In einem Labor in Cambridge (England) versuchten Francis Crick und James Watson ebenfalls, die Struktur der DNA zu entschlüsseln. Anstatt das Molekül zu fotografieren, führten sie jedoch Tests durch, um festzustellen, aus welchen Chemikalien die DNA bestand. Dann bauten sie Modelle, um herauszufinden, wie diese Chemikalien zusammenpassten – wie riesige, komplizierte 3-D-Puzzles! 1953 sah Watson Franklins DNA-Foto. Er rannte ins Labor, damit er und Crick neue 3-D-Modelle einer Doppelhelix bauen konnten. Dank der Arbeit von Franklin, Crick und Watson konnten die verschiedenen Chemikalien in der DNA endlich zusammengefügt werden.

Geheimnis der DNA

Die Entdeckung von Franklin, Crick und Watson half dabei herauszufinden, dass die DNA die Baupläne für alle Proteine enthält, aus denen Lebewesen bestehen. Durch die Entschlüsselung der DNA kann Wissenschaft auf neue Weise benutzt werden, etwa um Verbrecher zu fangen oder um mit Medizin mehr Leben zu retten.

Jeder Abschnitt der DNA besteht aus den vier Basen Adenin (A), Thymin (T), Guanin (G) und Cytosin (C). A paart sich immer mit T und G paart sich immer mit C.

BAUPLAN DES LEBENS

Die Erforschung der DNA ist eine lange Geschichte, an der Tausende von Pflanzen, Tiere, Menschen und Mikroben mitwirkten. Hier sind einige der wichtigsten Meilensteine auf dem Weg zur Entschlüsselung des Moleküls, das die Baupläne für jedes Lebewesen auf Erden enthält.

Wissenschaftler entwickeln Methoden, um die Reihenfolge der Bausteine (die sogenannten Nukleotide) innerhalb der DNA zu lesen. Diese wird als Sequenz bezeichnet.

Es wird bewiesen, dass die Krankheit Sichelzellenanämie durch ein abnormales Gen verursacht wird, das von den Eltern ans Kind vererbt werden kann.

1978

1975/77

Marshall Nirenberg, Har Khorana und Severo Ochoa entschlüsseln den Code in der DNA: Er weist die Zellen an, Proteine zu bauen.

Gen-Übertragung

Wissenschaftler finden heraus, wie man einem Lebewesen ein Gen entnimmt und es zur DNA einer Maus oder einer Fruchtfliege hinzufügt. Ein Gen ist ein DNA-Abschnitt, der einer Zelle sagt, wie sie ein bestimmtes Protein herstellen soll.

1981

1966

Das Gen, das Insulin herstellt, wird Bakterien hinzugefügt. Dadurch verwandeln sich diese in winzige Insulinfabriken. Mit Insulin wird die Krankheit Diabetes behandelt.

1982

Doppelhelix

Rosalind Franklins Foto hilft James Watson und Francis Crick, die Struktur der DNA herauszufinden – eine Doppelhelix.

1953

PCR

Eine Methode zum Kopieren von DNA-Abschnitten wird entwickelt, die Polymerase-Kettenreaktion (PCR). So kann die Reihenfolge der DNA-Bausteine leichter bestimmt werden, ein Vorgang, den man Sequenzieren nennt.

1983

CRISPR-Methode

CRISPR ist eine Methode, mit der die DNA verändert werden kann. Sie wurde zuerst bei der Sichelzellenanämie angewendet, aber nun behandelt man damit auch Augen- und Leberkrankheiten.

2020

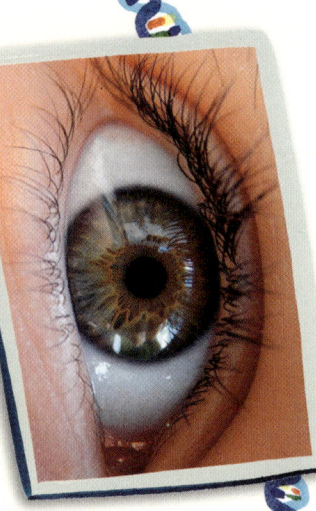

PCR hilft Wissenschaftlern, das Coronavirus zu verstehen, das die Krankheit COVID-19 verursacht. Die CRISPR-Methode wird verwendet, um Impfstoffe zu entwickeln.

2020

1866
Gregor Mendel erkennt, dass Merkmale (Eigenschaften) von Lebewesen in Einheiten vererbt werden, die später als Gene bezeichnet werden.

1869
Friedrich Miescher findet ein Molekül im Kern von Eiterzellen und nennt es „Nuklein".

1879
Walter Flemming sieht, dass sich die Chromosomen einer Zelle verdoppeln, bevor sich die Zelle teilt. So erhält jede neue Zelle eine Kopie.

1881
Albrecht Kossel findet heraus, aus welchem Molekül Nuklein besteht. Er nennt es Desoxyribonukleinsäure (DNA).

Genetik
1931
Mit Zellen aus Maispflanzen zeigen Harriet Creighton und Barbara McClintock, dass Chromosomen die Erbinformationen tragen.

1943
Eine Fotografie der DNA zeigt, dass sie eine regelmäßige Struktur hat.

1944
Oswald Avery, Colin MacLeod und Maclyn McCarty beweisen, dass die DNA nicht nur ein Baustein der Chromosomen ist, sondern auch Erbinformationen trägt.

1952
Rosalind Franklin gelingt das bis dahin deutlichste Foto der DNA.

Gene verändern
1987
Wissenschaftler beginnen, an einem Werkzeug zu arbeiten, mit dem sie DNA und Gene verändern können. Die Entwicklung dauert 30 Jahre.

DNA-Sequenzierung
1990–2003
Projekte beginnen, das menschliche Genom zu sequenzieren – das ist unser gesamtes genetisches Material. Es dauert über 10 Jahre, um die 3 Milliarden Buchstaben des menschlichen DNA-Codes zu lesen. Die heutige Technologie ermöglicht es, das Genom jedes Menschen genau zu lesen.

Gentechnisch veränderte Lebensmittel
1994
Tomaten sind die ersten gentechnisch veränderten Nutzpflanzen, die auf den Markt kommen. Sie besitzen durch Gentechnik zum Beispiel die Fähigkeit, Schimmel abzuwehren.

2008
Wissenschaftler beginnen mit der Sequenzierung der Genome von Mikroben, die in und auf unserem Körper leben, um ihre Rolle bei Gesundheit und Krankheit zu verstehen.

2010
DNA aus 40 000 Jahre alten Neandertalerknochen wird untersucht, um herauszufinden, wie dieser Urzeitmensch mit dem modernen Menschen verwandt ist.

2019
Zum ersten Mal wird Gentechnik zur Behandlung der Krankheit Sichelzellenanämie eingesetzt.

ENDEL TULVING

Kanadisch–estnischer Neurowissenschaftler und Psychologe
(geb. 1927)

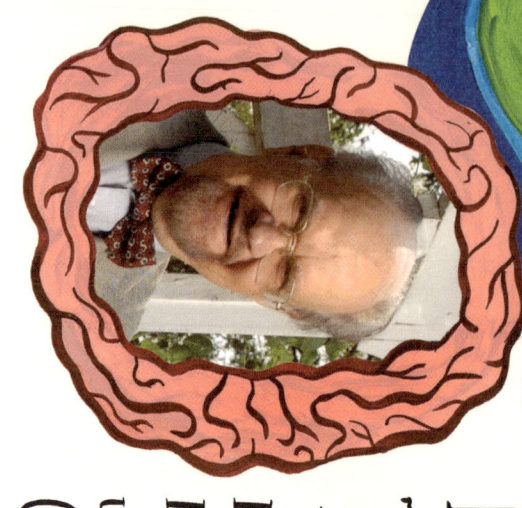

Weißt du noch, was du zu deinem letzten Geburtstag geschenkt bekommen hast? Und was zu deinem ersten? Warum kannst du dich an den Text deines Lieblingslieds erinnern, hast aber vergessen, was du am letzten Dienstag zu Mittag gegessen hast? Das Gedächtnis ist eines der größten Geheimnisse der Wissenschaft.

Endel Tulving wollte dieses Geheimnis erforschen. Er wuchs in Europa auf und zog 1949 nach Kanada, wo er Psychologie studierte – die Wissenschaft des menschlichen Geistes und Verhaltens. Dies war damals eine neue Wissenschaft und es gab viele unbeantwortete Fragen.

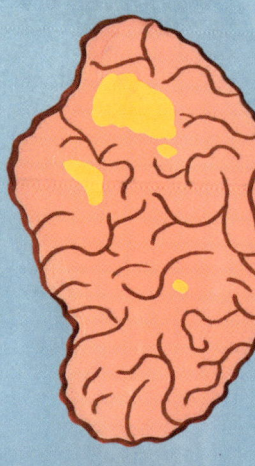

Speichern einer Erinnerung

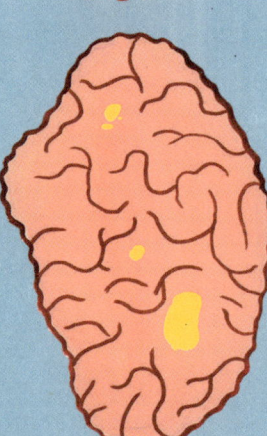

Abrufen einer Erinnerung

Tulving verwendete Computertomografie, um zu zeigen, dass verschiedene Teile des Gehirns bei Aktivität „aufleuchten", wenn wir Erinnerungen speichern und wenn wir sie abrufen.

Episodisches Gedächtnis

Gedächtnisarten

Tulving entwickelte eine Theorie, um zu erklären, wie unser Gehirn Langzeiterinnerungen verwaltet. Das episodische Gedächtnis lässt uns Dinge behalten, die wir selbst gesehen oder erlebt haben, wie zum Beispiel unsere letzte Geburtstagsfeier. Das semantische Gedächtnis speichert alles, was wir gelernt haben und wissen – zum Beispiel was ein Hund ist! Tulving fügte seiner Theorie später eine dritte Art von Gedächtnis hinzu, das prozedurale Gedächtnis. Dieser Typ speichert Informationen darüber, wie wir Dinge tun, wie zum Beispiel Fahrradfahren oder Schwimmen.

Tulving entwickelte eine Methode, um mithilfe von Computertomografie die Aktivitäten des Gedächtnisses zu zeigen.

Das Gedächtnis

Wie speichern Menschen Wörter, Fakten, Fähigkeiten und Erlebnisse und rufen sie bei Bedarf ab? Tulving wollte mehr darüber herausfinden. An einem seiner Experimente nahmen 900 Schüler teil. Es zeigte sich, dass verschiedene Bereiche des Gehirns daran beteiligt sind, Erinnerungen zu speichern und abzurufen. Als Nächstes erforschte Tulving das Gedächtnis selbst und definierte drei verschiedene Arten.

Das Studium des Geistes ist sehr schwierig. Wir können das Gehirn von außen nicht sehen und es ist gefährlich, im Inneren herumzustöbern! Als sich die Medizintechnik verbesserte, konnte Tulving das Gehirn jedoch gefahrlos bei der Arbeit beobachten. Dies half ihm zu beweisen, dass verschiedene Bereiche des Gehirns am Speichern und Abrufen von Erinnerungen beteiligt sind.

Ein menschliches Gehirn kann möglicherweise eine Billiarde Bytes an Daten speichern – so viele Informationen wie im gesamten Internet!

Semantisches Gedächtnis

Hund

Prozedurales Gedächtnis

YUAN LONGPING
Chinesischer Agronom
(1930–2021)

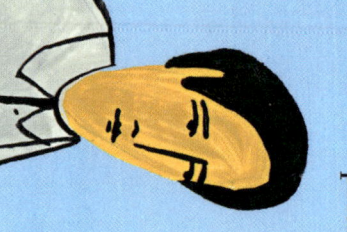

Nach seinem Studium der Landwirtschaft wurde Yuan Longping Lehrer und Forscher an einer landwirtschaftlichen Hochschule. Zunächst konzentrierte sich seine Forschung auf Süßkartoffeln. Als jedoch in China eine schreckliche Hungersnot ausbrach, wandte sich Longping dem Reis zu, dem wichtigsten pflanzlichen Nahrungsmittel in China. 1961 stieß Longping auf eine Reispflanze mit besonders großen Körnern. Wenn man solche Reispflanzen züchten könnte, dachte er, würden davon auch mehr Menschen satt werden. Longping wollte jedoch sicher sein, dass das Merkmal der großen Körner von einer Pflanze zur nächsten vererbt wird. Deshalb kreuzte er die Pflanze mit anderen Reispflanzen, die nützliche Merkmale besaßen. Auf diese Weise erhielten die Samen die besten Eigenschaften von beiden Elternteilen.

20 Prozent der Weltbevölkerung leben in China, aber das Land besitzt nur 9 Prozent der Weltfläche, auf der Getreide angebaut wird.

Hybridreis stammt aus

Wildreis
Hybridreis
Zuchtreis

Longping versuchte bis zuletzt, den Superreis zu verbessern. Er wollte, dass der Reis mehr Sonnenenergie einfängt, um noch besser zu wachsen.

Hybridreis
Wenn zwei Dinge zu etwas Neuem kombiniert werden, spricht man von einem Hybriden. Pflanzen, die aus Eltern von zwei verschiedenen Pflanzensorten geschaffen wurden, wachsen oft schneller und produzieren mehr Samen.

Das Rezept für Superreis
Samen für neue Pflanzen bilden sich, wenn Pollen (Blütenstaub) auf Eizellen treffen. Longping wusste, dass sich Zuchtreis normalerweise selbst bestäubt, was es schwierig macht, ihn mit anderen Reispflanzen zu kreuzen. 1970 stieß er jedoch auf Wildreis, der nur Eizellen und keine Pollen enthielt. Er war perfekt geeignet für Longpings Plan.

1973 hatte Longping den Wildreis mit dem Zuchtreis gekreuzt und eine neue Art von Superreis geschaffen, die 20 Prozent mehr Körner als normaler Reis produzierte. Er setzte seine Arbeit 30 Jahre lang fort und erzielte immer bessere Ergebnisse. Da nun auf weniger Land mehr Reis angebaut werden kann, hilft Longpings Superreis, die Nahrungsmittelknappheit auf der ganzen Welt zu bekämpfen.

China, aber er wird überall angebaut.

DIAN FOSSEY
Amerikanische Zoologin
(1932-1985)

Berggorillas gehören zu den seltensten Tieren der Welt. Sie leben in nur zwei kleinen Gebieten in Ostafrika. Um 1960 hatten nur wenige Menschen jemals einen Berggorilla aus der Nähe gesehen. Filme und Geschichten wie King Kong hatten diesen Menschenaffen den Ruf verliehen, wild und gefährlich zu sein. Dian Fossey war eine der ersten Wissenschaftlerinnen, die bei den Berggorillas lebte, und ihre Entdeckungen veränderten unsere Vorstellungen von Affen und Menschen für immer. Fossey richtete eine kleine Forschungsstation im Wald hoch oben in den Virunga-Bergen in Ruanda ein. Dort konnte sie jeden Tag Berggorillas beobachten.

„Weil ich ihnen so nahe gekommen bin, konnte ich vieles beobachten, was noch nie verzeichnet wurde."

Fossey gab den Gorillas Namen und beschrieb ihre unterschiedlichen Persönlichkeiten. Ihr Liebling hieß Digit (Finger), benannt nach seinem krummen Finger.

In der Wildnis

Anfangs waren die Gorillas scheu, aber als Fossey sich immer in ihrer Nähe aufhielt und ihr Verhalten nachahmte – sie kratzte sich wie sie und kaute auf Selleriestangen herum –, gewöhnten sich die Gorillas an sie. Fossey konnte sie nun bei ihrem natürlichen Verhalten beobachten. Sie stellte fest, dass die Gorillas in eng verbundenen Familiengruppen leben und einen Großteil ihrer Zeit damit verbringen, Pflanzen zu fressen.

Fosseys unglaubliche Lebensgeschichte erzählt der Hollywood-Film Gorillas im Nebel. Ihre vielen Fotos und Videos haben Menschen geholfen, Gorillas viel besser zu verstehen.

In dem von Fossey in Ruanda gegründeten Karisoke-Forschungszentrum lernen Wissenschaftler und die örtliche Bevölkerung, wie sie Berggorillas schützen können.

Kampf ums Überleben

Das Leben der Berggorillas ist jedoch weder einfach noch friedlich. Sie werden durch menschliche Aktivitäten wie die Landwirtschaft bedrängt und manchmal von Wilderern gejagt. Fosseys Forschung brachte Menschen auf der ganzen Welt dazu, sich für Berggorillas zu interessieren. Trotzdem sank die Zahl der Berggorillas auf etwa 250 Exemplare, was Fossey sehr traurig und wütend machte.

In ihren 18 Jahren in den Bergen kämpfte Fossey für den Schutz dieser unglaublichen Lebewesen. Sie stritt und diskutierte mit Wilderern, Bauern und Naturschützern. Leider wurde Fossey 1985 ermordet. Andere Wissenschaftler und Naturschützer setzten jedoch ihre Arbeit fort und die Anzahl der Berggorillas stieg auf etwa 1000. Dies ist das einzige Naturschutzprogramm, dem es gelang, die Anzahl einer Gruppe von Wildaffen zu erhöhen.

MAYANA ZATZ
Brasilianische Genetikerin
(geb. 1947)

Was möchtest du werden, wenn du groß bist? Mayana Zatz wusste darauf keine Antwort. Sie wollte Ärztin werden, um Menschen zu helfen, aber auch Wissenschaftlerin, um mehr darüber zu erfahren, warum Menschen überhaupt krank werden.

Zatz fand einen Weg, beides zu sein. Als Spezialistin für Humangenetik forscht und arbeitet sie mit Patienten. Eines ihrer ersten Projekte war, die Ursachen für neuromuskuläre Erkrankungen zu erforschen, die Nerven und Muskeln betreffen.

Zatz versucht, eine Erkrankung namens Duchenne-Muskeldystrophie (DMD) zu verstehen und zu behandeln. Sie wird durch eine Veränderung in einem Gen verursacht. Durch das veränderte Gen kann der Körper ein bestimmtes Protein nicht herstellen, das die Muskeln stark hält.

Stammzellen können sich zu

Muskelzelle

Rotes Blutkörperchen

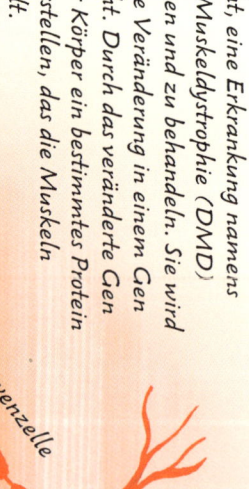
Nervenzelle

Stammzellen

Die meisten Zellen in unserem Körper sind spezialisiert – sie haben eine bestimmte Form und erfüllen eine bestimmte Aufgabe. Stammzellen sind anders. Sie können zu verschiedenen Zelltypen werden, um kranke, beschädigte oder fehlerhafte Zellen zu ersetzen. Wir alle haben Stammzellen in unserem Körper, aber nur die Stammzellen in einem Embryo können zu jeder Art von Zelle werden.

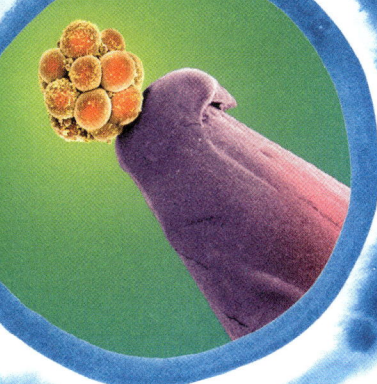

So sieht ein drei Tage alter menschlicher Embryo unter einem starken Mikroskop aus. Er passt auf die Spitze einer Stecknadel! Die Zellen im Inneren sind Stammzellen.

Genetische Detektivarbeit

Zatz und ihr Team fanden sechs Gene, die von den Eltern an die Kinder vererbt werden und neuromuskuläre Erkrankungen verursachen können. Sie arbeitete eng mit betroffenen Familien zusammen und war schockiert, wie wenig Unterstützung sie hatten. Zatz gründete eine Wohltätigkeitsorganisation, die Kindern mit neuromuskulären Erkrankungen den Zugang zu Bildung sowie zu Rollstühlen und Physiotherapie ermöglicht.

Zatz erhielt vom Staat Geld für den Aufbau eines Zentrums für genetische Forschung an der Universität von São Paulo (Brasilien). Dort sucht ihr Team nach neuen Wegen zur Behandlung von Erbkrankheiten – zum Beispiel mithilfe von Stammzelltherapien. Zatz klärt Politiker und die Öffentlichkeit darüber auf, wie die Stammzellentherapie funktioniert und wie diese neue Behandlungsmethode in Zukunft Millionen von Leben retten kann.

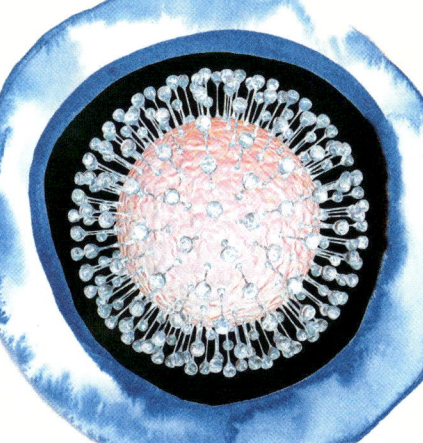

Die Genforschung kann helfen, auch Infektionskrankheiten zu verstehen. Das Team von Zatz hat das Zika-Virus untersucht, das von Mücken auf den Menschen übertragen wird.

Stammzelle

Fettzelle

Knochenzelle

jeder Art von Zelle entwickeln.

GROSSARTIGE CHEMIE

38

Chemiker fragen, woraus Dinge bestehen, warum Stoffe bestimmte Eigenschaften haben und warum sie sich so und nicht anders verhalten. Durch Chemie können wir die Bausteine besser verstehen, aus denen alles besteht – und wir können versuchen, neue Substanzen und Materialien zu entwickeln, die unser Leben verbessern.

ANTOINE LAVOISIER

Französischer Chemiker (1743-1794)

Chemiker untersuchen, woraus Substanzen (chemische Stoffe) bestehen und wie sie sich verhalten. Heute kennen wir viele Antworten. Das Periodensystem listet alle Bausteine des Universums auf – die Elemente. Aber zu der Zeit, als Antoine Lavoisier Wissenschaftler war, stritten die Leute noch darüber, was Elemente eigentlich sind.

Lavoisier studierte zuerst die Luft. Er wusste, dass sie am Feuer beteiligt ist. Damals glaubten viele, dass Feuer ein Element namens Phlogiston sei, das freigesetzt wird, wenn eine Substanz brennt. Lavoisier wollte beweisen, dass dies falsch war.

Lavoisier untersuchte Reaktionen, indem er alle beteiligten Substanzen wog.

Theorie der Verbrennung

Nach fast 15 Jahren und vielen Experimenten bewies Lavoisier, dass es so etwas wie Phlogiston nicht gibt. Er erklärte, dass Feuer eigentlich eine schnelle chemische Reaktion zwischen einem Brennstoff und dem Sauerstoff in der Luft ist. Diese Reaktion bezeichnet man auch als Verbrennung.

Ofen

Mischung aus Quecksilber und Sauerstoff

Glaskolben

Neue Erkenntnisse

Lavoisiers Experimente zeigten, dass bei einer chemischen Reaktion nichts entsteht oder zerstört wird. Die Stoffe werden nur getauscht und in verschiedene Formen gebracht. Seine Experimente zeigten auch, dass Luft und Wasser keine Elemente sind, wie die alten Griechen geglaubt hatten. Luft ist ein Gemisch verschiedener Gase, darunter auch Sauerstoff. Wasser ist eine Verbindung aus zwei Elementen: Sauerstoff und Wasserstoff. Lavoisiers Arbeit löste eine Revolution in der Chemie und einen Wettlauf um die Entdeckung neuer Elemente aus. Sie leitete auch andere Chemiker dazu an, bei ihren Studien sorgfältige Experimente und Beobachtungen durchzuführen.

Lavoisier nannte die Elemente auf seiner Liste „einfache Substanzen".

Lavoisier erstellte eine der ersten Listen der Elemente. Dies sind Stoffe, die nicht mehr in andere Stoffe zerlegt werden können.

Als während der französischen Revolution die Regierung gestürzt wurde, kam Lavoisier ins Gefängnis, da er ein reicher Regierungsbeamter war. Bald darauf wurde er mit der Guillotine enthauptet.

Das Erhitzen der Verbindung setzte Sauerstoff frei. Dieser sprudelte in die Glasglocke und verdrängte das Wasser.

Glasglocke

Wasser

JEONG YAK-YONG

Koreanischer Gelehrter, Philosoph und Dichter (1762–1836)

Jeong Yak-yong war erst etwa 20 Jahre alt, als er einer der engsten Vertrauten des koreanischen Königs Jeongjo wurde. In jener Zeit gelangten viele neue Ideen aus China und Europa nach Korea. Yak-yong sammelte diese Informationen und fand heraus, wie man sie mit traditionellen Ideen kombiniert. Der König wollte Wissenschaft und Technik dazu benutzen, um Korea besser regieren zu können. Er und Yak-yong arbeiteten gemeinsam daran, Veränderungen für das Land zu planen.

Die Festung Hwaseong gehört heute zum UNESCO-Weltkulturerbe.

Jeong Yak-yong wird auch „Dasan" genannt.

Im Alter von 31 Jahren wurde Yak-yong mit dem Bau einer neuen Festung für die koreanische Hauptstadt beauftragt. Er nutzte die besten Ideen und neueste Technik wie komplizierte Kräne, um eine Festung zu bauen, die schön war, aber auch Angriffe abwehren konnte.

In einer Welt ohne Computer schrieb Yak-yong die Gedanken anderer Menschen auf und entwickelte neue Ideen auf dem Papier. Er verfasste fast 2500 Gedichte und mehr als 500 Bücher zu den unterschiedlichsten Themen – von Politik und Wissenschaft bis hin zu Musik und Medizin.

In der Verbannung

Als König Jeongjo 1800 starb, kam es zu einer Katastrophe. Die neue Regentin benutzte Yak-yongs Interesse an ausländischen Ideen als Vorwand, um ihn aus dem königlichen Palast zu verbannen. 18 Jahre lang lebte Yak-yong weit weg vom Palast in einem winzigen Zimmer, aber er hörte nicht auf, zu studieren und zu schreiben. Tatsächlich arbeitete er härter denn je! Besonders interessierte ihn, Wege zu finden, um die Armut in Korea zu bekämpfen. Die heutigen Wissenschaftler lernen immer noch von Yak-yongs Umgang mit Daten und wie er damit praktische Probleme löste.

Yak-yong wollte seine Ideen an andere weitergeben. Er baute einen Pavillon am Meer, um Studenten zu unterrichten und Tee zu trinken!

Frische Teeblätter → Getrocknete Teeblätter → Gemahlene Teeblätter → Gepresste Teeblätter

Yak-yong braute Tee im Freien auf einem flachen Felsen. Er experimentierte mit verschiedenen Zubereitungsarten der Blätter. Eine seiner Lieblingsmethoden war, die gemahlenen Blätter zu festen Klumpen zu pressen und mit kochendem Wasser zu mischen.

„Dasan" heißt „Berg des Tees".

Gesunder Tee

Yak-yong interessierte sich für Tee, weil er glaubte, dass er seine Gesundheit verbesserte. Er studierte auch die Traditionen und Rituale der Teezubereitung. Außerdem arbeitete er an einem Plan zur Anpflanzung neuer Teepflanzen im Südwesten Koreas.

EDWARD JENNER
Englischer Arzt und Chemiker
(1749–1823)

Die Suche nach einem Impfstoff gegen Corona machte 2020 Schlagzeilen, aber die Geschichte dieser wichtigen Methode, um Krankheiten zu verhindern, begann schon vor über 200 Jahren. Als Arzt im 18. Jahrhundert hatte Edward Jenner oft Patienten mit einer schrecklichen Krankheit namens Pocken. Ihm fiel jedoch auf, dass Landarbeiter, die sich von einer ähnlichen, aber leichteren Krankheit namens Kuhpocken erholt hatten, offenbar vor Pocken geschützt waren.

Jenner testete diese Theorie, indem er einen neunjährigen Jungen absichtlich mit Kuhpocken ansteckte. Zwei Monate später betupfte er das Kind mit dem Eiter eines Pockenpatienten, aber der Junge wurde nicht krank. Jenners Entdeckung war sehr erfolgreich und rettete Millionen von Leben. Seit 1980 gilt die Krankheit als ausgerottet. Das heißt, es gibt keine Pocken mehr auf der Welt.

Pocken

Pocken waren früher eine gefürchtete Krankheit. Jenners Kuhpocken-Impfung verhinderte jedoch, dass man sich mit Pocken ansteckte. Das war eine erstaunliche Entdeckung, da zu dieser Zeit niemand wusste, was Viren sind oder wie das Immunsystem funktioniert! Vor der Impfung starben 3 von 10 Personen, die an Pocken erkrankt waren, und bei den Überlebenden blieben oft schreckliche Narben zurück.

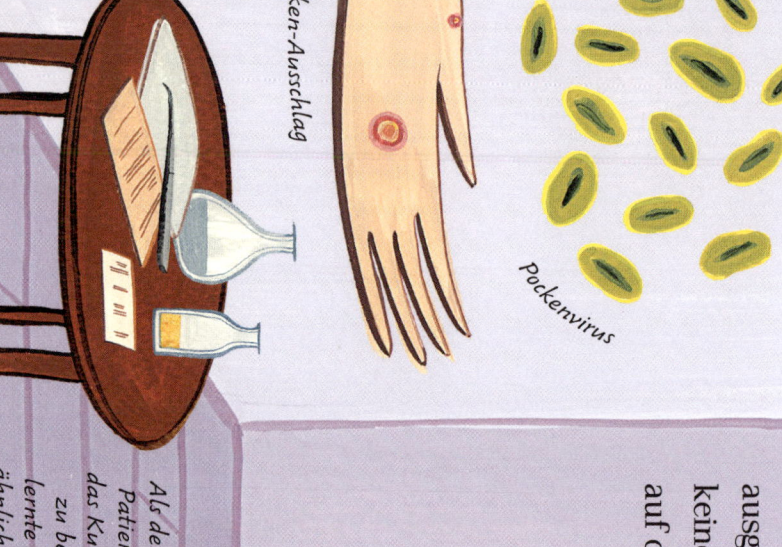

Kuhpocken-Ausschlag

Pockenvirus

Als der Körper des Patienten lernte, das Kuhpockenvirus zu bekämpfen, lernte er auch, das ähnliche Pockenvirus zu bekämpfen.

LOUIS PASTEUR
Französischer Biologe und Chemiker (1822–1895)

Wissenschaftler wollten mit Jenners Methode die Menschen auch vor anderen Krankheiten schützen, aber das war gar nicht so einfach. Andere Krankheiten hatten keine leichteren Formen wie die Kuhpocken, daher war eine neue Technik nötig, um Impfungen gegen sie zu entwickeln. Louis Pasteur fand heraus, wie man das macht.

Pasteur entdeckte, dass Mikroben (kleine Lebewesen) daran schuld sind, wenn Wein verdirbt. Durch sanftes Erhitzen des Weins konnte er jedoch alle schädlichen Mikroben darin abtöten. Diesen Prozess nennt man „Pasteurisierung". Er wird heute noch verwendet, um Milch, Fruchtsäfte und andere Lebensmittel länger haltbar zu machen.

Mikroben-Impfung
Pasteur erkannte, dass tödliche Mikroben durch Erhitzen geschwächt wurden, und spritzte sie Tieren. Die Mikroben konnten die Tiere nicht mehr krank machen, aber das Immunsystem der Tiere lernte, die Eindringlinge zu erkennen und zu bekämpfen. Wenn die gleichen Mikroben eines der Tiere danach noch einmal befielen, wurden sie von deren Immunsystem sofort abgetötet.

Impfstoffe
Auch heute noch werden Impfungen mit toten oder geschwächten Mikroben durchgeführt. Viele Krankheiten, die früher tödlich waren, können jetzt verhindert werden, wie Tetanus, Masern und Kinderlähmung. Das rettet jedes Jahr Millionen von Menschenleben.

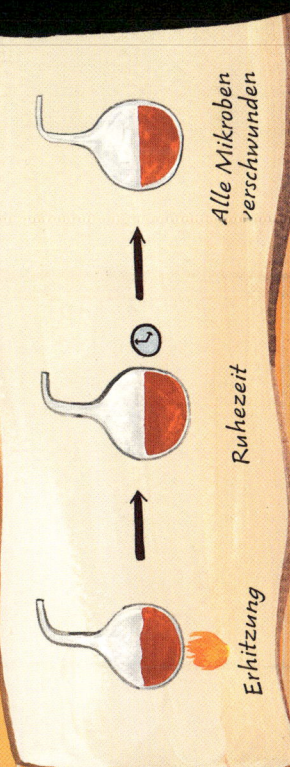

Pasteurs Pasteurisierungsprozess — Erhitzung — Ruhezeit — Alle Mikroben verschwunden

DMITRI MENDELEJEW
Russischer Chemiker (1834–1907)

Dmitri Mendelejew war der Kopf hinter einem der wichtigsten Hilfsmittel, das Chemiker und Materialwissenschaftler auf der ganzen Welt benutzen: das Periodensystem. Er war das jüngste von 14 Geschwistern und das Leben für die Familie war hart, besonders nach dem Tod des Vaters. Mendelejews Mutter erkannte jedoch seinen scharfen Verstand und wollte ihm unbedingt eine naturwissenschaftliche Ausbildung ermöglichen. 1849 wanderte sie mit ihm quer durch Russland, um für ihn einen Platz an einer Universität zu finden. Nach dem Studium wurde Mendelejew Chemiker und Lehrer. Damals machte die Chemie so schnelle Fortschritte, dass er sein eigenes Lehrbuch schreiben musste!

Grundlagen der Chemie – Mendelejews Lehrbuch

Mendelejew ordnete die Elemente unterschiedlich an, um Muster zu erkennen.

Er ließ Lücken für unbekannte Elemente.

Elemente-Puzzle

Im 19. Jahrhundert wurden Dutzende neuer chemischer Elemente – die Bausteine aller Dinge – entdeckt. Mendelejew sammelte Informationen über jedes bekannte Element, wie das Gewicht ihrer Atome, und versuchte, Muster zu erkennen.

Er bemerkte, dass Elemente mit unterschiedlichem Atomgewicht auf andere Weise ähnlich sein können. Mendelejew erstellte ein Diagramm, das dieses Muster abbildete, und ließ Lücken, wo er dachte, dass neue Elemente entdeckt werden könnten.

Die Elemente wurden nach Atomgewicht sortiert, beginnend mit den leichtesten. Mendelejew ordnete sie in Reihen oder Perioden an, sodass Elemente mit ähnlichen Eigenschaften, wie zum Beispiel Metalle, Gruppen bilden. Das Periodensystem der Elemente sieht heute zwar anders aus als das erste Diagramm von Mendelejew, aber es beruht auf den gleichen genialen Ideen.

Auf dem Weg von Sibirien nach Moskau und dann nach St. Petersburg gingen Mendelejew und seine Mutter mehr als 1600 Kilometer zu Fuß!

Elemente vorhersagen

Anhand der Lücken in seiner Tabelle sagte Mendelejew vorher, wie noch unbekannte Elemente beschaffen sein würden. Als das Element Gallium entdeckt wurde, zeigte sich, dass er recht hatte. Es ist ein seltsames Metall, das bei Raumtemperatur fest ist, aber in deinen Händen schmilzt!

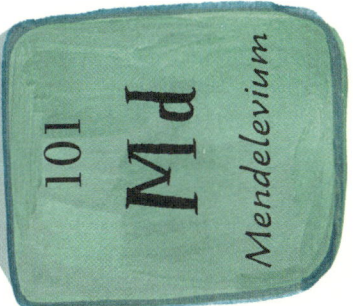

Gallium wurde 1875 von dem französischen Chemiker Paul-Émile Lecoq de Boisbaudran entdeckt.

Das moderne Periodensystem umfasst heute 118 Elemente.

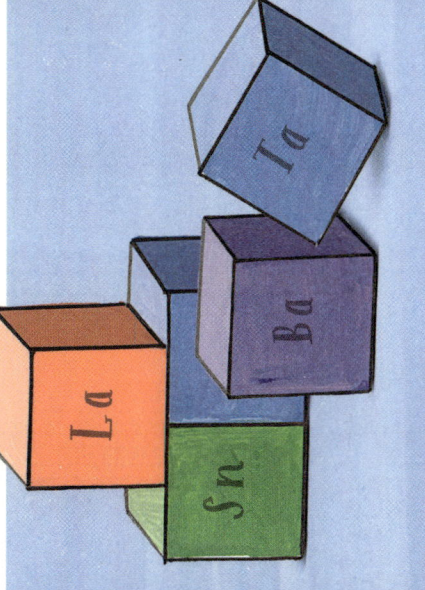

101 **Md** *Mendelevium*

Durch das Verschmelzen von Atomen können Physiker Elemente erschaffen, die in der Natur nicht existieren. Eines wurde zu Ehren von Mendelejew „Mendelevium" genannt.

Atomstruktur

Die Atome jedes Elements besitzen eine bestimmte Anzahl von Protonen und Elektronen. Das Periodensystem ordnet die Elemente nach dieser Anzahl, beginnend mit Wasserstoff, dessen Atome jeweils ein Proton und ein Elektron haben. Kohlenstoff hat sechs Protonen und Elektronen, also steht er im System an sechster Stelle.

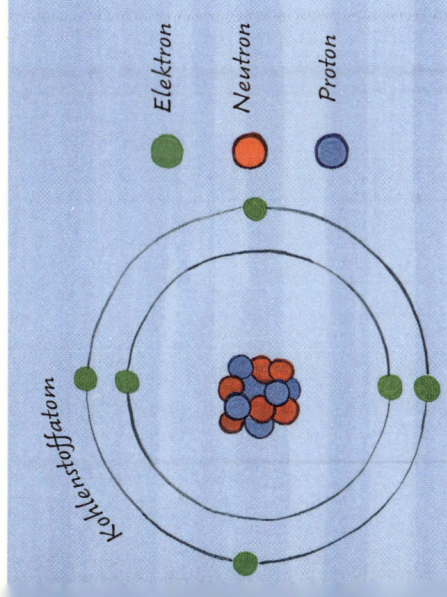

47

CARL VON LINDE
Deutscher Ingenieur und Wissenschaftler (1842–1934)

Seit Tausenden von Jahren extrahieren (entnehmen) die Menschen alle möglichen interessanten Dinge aus Steinen und Erde. Carl von Linde fand als einer der Ersten heraus, wie man der Luft nützliche Stoffe entziehen kann! Als Schüler besuchte er eine Baumwollspinnerei und war fasziniert von den Maschinen. Er entschied sich für ein Maschinenbaustudium, verlor aber seinen Studienplatz, nachdem er an einem Studentenprotest teilgenommen hatte. Lindes Lehrer verhalfen ihm jedoch zu einer Lehrstelle. Nachdem er bei verschiedenen Firmen gearbeitet hatte, die Dampfmaschinen herstellten, begann Linde, Ingenieurwissenschaften an der Universität zu unterrichten. Für seine Studenten richtete er ein Maschinenlabor ein, das er auch für seine eigenen Forschungen nutzte.

Die Leute fanden schnell neue Möglichkeiten, Lindes Kühlmaschinen zu nutzen, wie zum Beispiel 1896 für die erste von Menschenhand geschaffene Eisbahn.

Ein Leben ohne Kühl- und Gefrierschränke ist kaum vorstellbar. Sie sind in vielen Haushalten auf der ganzen Welt zu finden.

Die chemische Formel für Sauerstoff ist O₂.

SAUERSTOFF

Reiner Sauerstoff wird in Krankenhäusern auf der ganzen Welt benutzt und sogar in Weltraumraketen zum Verbrennen von Treibstoff verwendet!

Flüssige Luft

Indem Linde die Luft immer wieder zusammenpresste und dann sich ausdehnen ließ, kühlte sie so weit ab, dass sie flüssig wurde. Durch sehr langsames Erwärmen der flüssigen Luft gelang es Linde, die darin enthaltenen Gase, darunter auch Sauerstoff, einzeln abzutrennen und in Tanks zu füllen. Er stellte Maschinen her, die dies mit großen Luftmengen tun konnten.

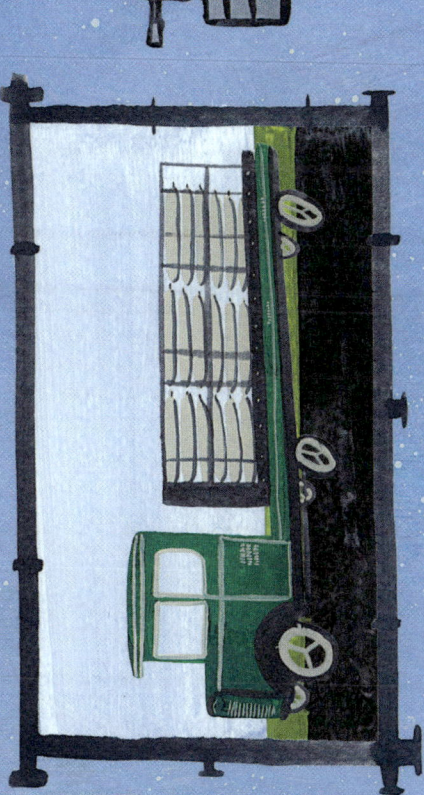

Sauerstoff, der aus der Luft gewonnen wurde, konnte in Tanks gefüllt und überallhin transportiert werden.

Neuartige Kühlung

Linde interessierte sich besonders dafür, wie Maschinen zum Kühlen eingesetzt werden konnten. Um 1890 nutzten die meisten Fabriken, Häuser und Geschäfte noch Eisblöcke, die aus zugefrorenen Flüssen und Seen geschnitten wurden, um Dinge zu kühlen. Linde wollte die bestehenden Kühlsysteme verbessern und erfand einige der besten Kühlmaschinen der Welt.

Schließlich gab er seinen Beruf als Lehrer auf und gründete eine Firma, die Kühlgeräte für alle Arten von Kunden herstellte — von Lebensmittelherstellern und Molkereien bis hin zu Fabriken und wissenschaftlichen Labors. Dann entdeckte Linde, wie man mithilfe von Kühlsystemen die Luft in ihre verschiedenen Gase — hauptsächlich Sauerstoff — zerlegt. Dieser Durchbruch veränderte die Welt, denn Sauerstoff konnte nun in Tanks gelagert und bei Bedarf, zum Beispiel für die Patienten in Krankenhäusern, verwendet werden.

Zunächst wurde reiner Sauerstoff in sogenannten Brennschneidern verwendet. Deren Flamme ist so heiß, dass man damit Metall schmelzen und schneiden kann.

Mit Brennschneidern wurde es viel einfacher, Wolkenkratzer, Schiffe und andere Stahlkonstruktionen zu bauen.

Hier kommt die Flamme heraus.

ROBERT KOCH
Deutscher Mikrobiologe
(1843–1910)

Als Arzt im 19. Jahrhundert hatte Robert Koch viele Patienten, die mit tödlichen ansteckenden Krankheiten wie Tuberkulose, Cholera und Diphterie kämpften. Wissenschaftler vermuteten zwar, dass solche Infektionskrankheiten durch winzige, schädliche Mikroben oder Keime verursacht wurden, aber niemand wusste, warum sie so viele verschiedene Arten von Krankheiten auslösten. Koch beschloss daher, dieses Rätsel selbst zu untersuchen.

Zunächst nahm er sich eine Krankheit namens Milzbrand vor, von der damals viele Nutztiere in Deutschland betroffen waren. Koch entdeckte im Blut verschiedener Tiere, die mit Milzbrand infiziert waren, die gleichen, stäbchenförmigen Bakterien.

Eingefärbte Bakterien

Koch vermehrte Bakterien in Petrischalen und färbte sie dann ein, um sie unter dem Mikroskop besser sichtbar zu machen. Er erkannte, dass Bakterienarten genauso unterschiedlich sein können wie ein Löwe und ein Seestern!

Milzbrandbakterien

Koch untersuchte Bakterien mit einfachen Geräten bei sich zu Hause.

Tuberkulose

Im 19. Jahrhundert tötete die tödliche Lungeninfektion Tuberkulose (bekannt als TB) jedes Jahr viele Menschen und niemand wusste, was sie verursachte. Koch entdeckte, dass dieses Bazillus, ein stäbchenförmiges Bakterium, dafür verantwortlich war. Hier ist es tausendfach vergrößert dargestellt.

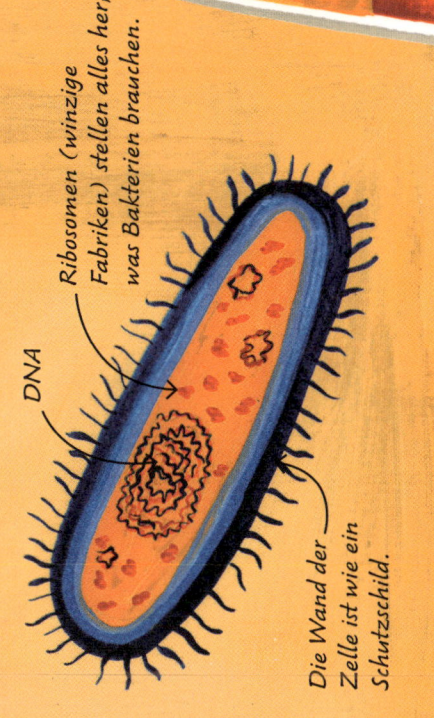

DNA

Ribosomen (winzige Fabriken) stellen alles her, was Bakterien brauchen.

Die Wand der Zelle ist wie ein Schutzschild.

Die für Krankheitsüberwachung und -vorbeugung zuständige deutsche Bundesbehörde ist nach Robert Koch benannt.

Cholerabakterien

Eine große Entdeckung

Koch erkannte, dass diese einzelne Bakterienart Milzbrand auslöste. Damit bewies er, dass eine bestimmte Art von Bakterien eine bestimmte Krankheit verursacht. Mit diesem Wissen entdeckten die Menschen bald noch mehr krankmachende Bakterien. So konnten sie Krankheiten besser behandeln oder sogar verhindern.

Begründer der Bakteriologie

Koch reiste um die Welt und identifizierte die Bakterien, die für Dutzende von Krankheiten wie Tuberkulose und Cholera verantwortlich waren. Er gab sein Wissen weiter und lehrte andere Wissenschaftler, Bakterien zu unterscheiden. Er half den Behörden auch, Pläne zur Verhinderung von Infektionen und zur Kontrolle großer Krankheitsausbrüche, sogenannter Epidemien, zu entwickeln.

Als die Menschen wussten, dass Krankheiten durch Mikroben verursacht werden, verstanden sie auch, dass Hygienemaßnahmen wie Händewaschen viele Leben retten können. Koch erhielt 1905 den Nobelpreis für Medizin.

SHIBASABURŌ KITASATO
Japanischer Arzt und Bakteriologe (1853–1931)

Als junger Wissenschaftler ging Shibasaburō Kitasato nach Berlin (Deutschland), wo er mit dem berühmten Bakteriologen Robert Koch zusammenarbeitete. Er untersuchte die Bakterien, die Tetanus und Diphtherie verursachten, und stellte fest, dass nicht die Mikroben selbst die Symptome auslösten, sondern die Giftstoffe, die sie freisetzten. Kitasato gelang es, Antitoxine (Gegengifte) zu entwickeln, um die Krankheiten zu behandeln. 1892 kehrte er in sein Heimatland Japan zurück, wo er sein neu gewonnenes Wissen anwendete.

Kitasato entwickelte das Diphtherie-Antitoxin aus dem Blut von Pferden, die gegen die Krankheit immun waren – das bedeutet, dass ihr Körper sie abwehren konnte.

1894 schickte die japanische Regierung Kitasato nach Hongkong, um einen Ausbruch der Beulenpest zu untersuchen. Er nahm sechs Assistenten und ein tragbares Labor mit, um das Rätsel der Ursache dieser tödlichen Krankheit zu lösen. Aber nur drei Tage später traf ein weiterer Bakteriologe ein, der ebenfalls den Pesterreger finden wollte!

Yersin brachte als Erster die Pest mit Ratten in Verbindung.

ALEXANDRE YERSIN
schweizerisch-französischer Arzt und Bakteriologe (1863–1943)

Alexandre Yersin lernte im Labor eines anderen großen Bakteriologen, dem von Louis Pasteur. Eines von Yersins ersten Projekten war die Entwicklung einer Behandlung für die Krankheit Tollwut. Später nutzte er diese Entdeckung, um sein eigenes Leben zu retten!

1890 ging Yersin als Arzt nach Südostasien. Er baute sich dort einen so guten Ruf auf, dass ihn die französische Regierung 1894 nach Hongkong schickte, um herauszufinden, was die Beulenpest ausgelöst hatte.

Beulenpest
Diese schlimme Krankheit tötete im 14. Jahrhundert in nur sieben Jahren etwa ein Drittel aller Europäer. Dank der modernen Medizin ist sie heute nicht mehr tödlich und kommt kaum noch vor.

Um 1900 fanden Wissenschaftler heraus, dass die Pest durch Flohbisse von Nagetieren auf Menschen übertragen wird.

Beiden Wissenschaftlern gelang es, das Bakterium zu finden, das die Pest verursacht. Obwohl Kitasato den Erreger zuerst entdeckte, fand Yersin mehr darüber heraus. Zurück in Paris stellte Yersin ein Medikament, ein Antiserum, her, mit dem er 1896 begann, Patienten in Hongkong zu behandeln. Um 1970 wurde das Bakterium zu Ehren von Yersin in *Yersinia pestis* umbenannt.

Hongkong war um 1890 eine geschäftige Hafenstadt. Schiffsratten brachten die Pest aus Europa mit.

MARIE CURIE
Polnisch-französische Physikerin und Chemikerin (1867–1934)

Marie Curie (geborene Marie Sklodowska) machte ihr Abitur ein Jahr früher als ihre Mitschüler, musste aber feststellen, dass polnische Universitäten keine Mädchen aufnahmen. Sie ließ sich dadurch aber nicht von ihrer Leidenschaft für die Wissenschaft abbringen. Curie arbeitete als Lehrerin, bis sie genug Geld gespart hatte, um nach Paris (Frankreich) zu gehen. Dort studierte sie an einer Spitzenuniversität, der Sorbonne, Physik und Mathematik.

Der französische Wissenschaftler Henri Becquerel hatte kurz zuvor herausgefunden, dass das Element Uran unsichtbare Strahlen aussendet. Curie war neugierig und begann selbst zu forschen. Erstaunt stellte sie fest, dass Pechblende — ein Gestein, das etwas Uran enthält — viel stärkere Strahlen aussendet als Uran selbst! Dies war ein Hinweis darauf, dass es noch eine andere geheime Substanz enthält. Zusammen mit ihrem Ehemann Pierre ging Curie dieser Spur nach.

Durchbruch

Nach jahrelangen Experimenten mit zermahlener Pechblende extrahierten Marie und Pierre daraus zwei neue Elemente. Sie nannten sie Polonium (nach Polen) und Radium. Die Elemente gaben so viel Strahlungsenergie ab, dass sie im Dunkeln leuchteten! Marie erfand das Wort „radioaktiv", um zu beschreiben, wie sie Strahlung freisetzten.

„Man sollte weniger neugierig auf Menschen sein als auf Ideen."

Radioaktive Strahlung

In den folgenden Jahren fanden andere Forschende viele Möglichkeiten, die von Radium freigesetzte Strahlungsenergie zu nutzen — von der Zerstörung von Keimen in Krankenhäusern bis hin zur Beseitigung von Krebs, einer schweren Krankheit. Das Ehepaar Curie und Becquerel gewannen den Nobelpreis für Physik und wurde zu Superstars. Sie hätten durch den Verkauf ihres Wissens ein Vermögen verdienen können, aber stattdessen teilten sie es mit anderen Wissenschaftlern.

Als Pierre bei einem Verkehrsunfall ums Leben kam, war Marie sehr traurig, aber sie arbeitete weiter daran, Radioaktivität zu verstehen und wie sie Menschen helfen könnte. Sie war die erste Person überhaupt, die einen zweiten Nobelpreis erhielt — diesmal für Chemie. Ihr Labor in Paris wurde zu einem der besten Orte der Welt, um Radioaktivität zu untersuchen, und es half vielen anderen Frauen, Wissenschaftlerinnen zu werden. Darunter auch Maries Tochter Irene, die selbst einen Nobelpreis gewann!

Im Ersten Weltkrieg sammelte Curie Geld, um die ersten mobilen Röntgenwagen einzurichten. Sie konnten dorthin gefahren werden, wo sie dringend gebraucht wurden.

Strahlung ist für den Menschen schädlich. Curies Arbeit machte sie oft sehr krank und sie starb schließlich an Krebs. Heute hilft eine nach ihr benannte Wohltätigkeitsorganisation Krebspatienten. Ihr Symbol ist die Narzisse.

100 Jahre nachdem sie das letzte Mal darin geschrieben hat, sind einige von Curies Notizbüchern immer noch gefährlich radioaktiv. Sie müssen in Kästen aufbewahrt werden, die mit Blei ausgekleidet sind, damit die Strahlung nicht hindurchdringt.

ALEXANDER FLEMING

Schottischer Arzt und Mikrobiologe (1881–1955)

Als Armeearzt im Ersten Weltkrieg sah Alexander Fleming, dass in den Armeekrankenhäusern viele Soldaten an schlimmen Entzündungen litten. Nach dem Krieg begann Fleming nach einem Mittel zu suchen, das die Entzündungserreger bekämpfte. Zunächst konzentrierte er sich auf Antiseptika. Diese Chemikalien töten Bakterien oder stoppen ihr Wachstum, aber sie können auch menschliche Zellen schädigen, sodass sie nicht für Flemings Zwecke geeignet waren. Als Nächstes untersuchte Fleming natürliche Stoffe mit antibakterieller Wirkung – sogar den Schleim aus seiner eigenen Nase! Dann stieß er eines Tages auf einen Schimmelpilz, der Bakterien ein für alle Mal abtötete.

Zufällige Entdeckung

Fleming beschloss, Staphylokokken-Bakterien in Petrischalen zu züchten. Eines Tages im Jahr 1928 bemerkte er, dass in einer ungewaschenen Petrischale Schimmel wuchs. Als er sie reinigen wollte, bemerkte er, dass die Bakterien neben dem Schimmel starben. Konnte der Schimmel sie etwa töten?

Bakterien weiter weg vom Pilz leben noch.

Blaugrüner Penizillin-Pilz

Bakterien neben dem Pilz sind tot.

Schimmelpilze produzieren bakterienabtötende Chemikalien, um sich zu verteidigen.

Bakterienzerstörer

Der Schimmel war aus der Pilzfamilie Penicillium, daher wählte Fleming den Namen „Penizillin" für die bakterienabtötende Chemikalie, die der Pilz produzierte. Penizillin zerstört viele Arten von Bakterien, auch die Erreger tödlicher Krankheiten wie Lungenentzündung, Syphilis und Diphtherie. Im Gegensatz zu Antiseptika schädigt es die menschlichen Zellen nicht.

Danach versuchten andere Wissenschaftler, Penizillin in ein Medikament zu verwandeln, das dem Menschen verabreicht werden konnte. Howard Florey und Ernst Chain waren erfolgreich und teilten sich 1945 mit Fleming den Nobelpreis für das weltweit erste „Antibiotikum". Die Wissenschaftlerin Dorothy Hodgkin fand die chemische Struktur von Penizillin heraus, sodass noch bessere Medikamente hergestellt werden konnten.

Im Lauf der Zeit fanden Wissenschaftler weitere Antibiotika. Diese haben Millionen von Leben auf der ganzen Welt gerettet und sind immer noch unsere wichtigste Waffe gegen schädliche Bakterien. Einige Bakterien sind gegen Antibiotika unempfindlich geworden, daher wird ständig versucht, neue Antibiotika zu entwickeln.

„Erfinden lässt sich das Penicillin von keinem Menschen, denn es wurde vor undenklichen Zeiten von einem gewissen Schimmelpilz hervorgebracht."

Schimmelpilze können auf Lebensmitteln wachsen, wenn diese verderben. Wir sollten keine verschimmelten Lebensmittel essen, da einige Arten von Schimmelpilzen für den Menschen schädlich sein können.

KURODA CHIKA
Japanische Chemikerin
(1884–1968)

Die Natur ist ein Fest der Farben, von lila Schnecken und roten Blüten bis hin zu grünen Blättern und gelben Bananen. Kuroda Chika fragte sich, was alles so bunt macht – und verbrachte ihr Leben damit, es herauszufinden. Zuerst arbeitete sie als Lehrerin, aber als sie mehr über die Naturwissenschaften lernte, war Chika fasziniert von der Art und Weise, wie Chemie die Geheimnisse der Natur entschlüsseln kann.

Im Jahr 1913 nahm Japans brandneue Tohoku-Universität die ersten drei Studentinnen des Landes auf, darunter auch Chika. Chika zeigte, dass Frauen genauso wie Männer hervorragende Wissenschaftlerinnen sein können, und sie erwarb als erste Japanerin einen Abschluss in Naturwissenschaften.

Asiatische Tagblume

Blauroter Steinsamen

Chika extrahierte einen roten Farbstoff aus Blaurotem Steinsamen heraus, und nannte ihn Shikonin. Sie fand heraus, aus welchen Atomen Shikonin besteht und wie diese zusammenpassen.

Färberdistel

Schwarze Bohnen

Aubergine

Dies ist die chemische Struktur von Carthamin, einem aus Färberdistel gewonnenen Farbstoff. Er wird zum Färben von Kleidung und Lebensmitteln verwendet.

Chika fand auch die Farbstoffe anderer Pflanzen wie Auberginen und Schwarzen Bohnen.

Medizinische Zwecke

Farbstoffe machen nicht nur Lebewesen bunt. Sie können auch andere wichtige Aufgaben übernehmen. Chika nutzte den aus Zwiebelschalen gewonnenen Farbstoff Quercetin, um ein Medikament zu erfinden, das Bluthochdruck hilft.

Bunte Chemikalien

Chika wollte natürliche Farbstoffe erforschen – die Chemikalien, die Pflanzen und Tieren ihre Regenbogenfarben verleihen. Zunächst konzentrierte sie sich auf eine Pflanze namens Blauroter Steinsamen. Sie lernte, wie man Farbstoffe aus den Wurzeln der Pflanze entnimmt und in Kristalle umwandelt.

Dann untersuchte Chika die Struktur dieser Kristalle, um herauszufinden, woraus sie bestehen. Nachdem sie den Farbstoff Shikonin des Blauroten Steinsamens entdeckt hatte, wandte sie sich dem roten Pigment Carthamin der Färberdistel zu. Es dauerte fünf Jahre, bis Chika die chemische Struktur von Carthamin herausgefunden hatte. Dieser Durchbruch verhalf ihr als zweiter Frau in Japan zu einem Doktortitel – dem höchsten Titel, den man als Wissenschaftler bekommen kann!

ALICE BALL
Amerikanische Chemikerin (1892–1916)

Obwohl Alice Ball jung starb, konnte sie das Leben Tausender Menschen verbessern. Ball verbrachte einen Teil ihrer Kindheit im Inselstaat Hawaii (USA) und kehrte dann dorthin zurück, um Naturwissenschaften zu studieren. 1915 erhielt sie als erste Frau — und erste Afroamerikanerin — einen Master-Abschluss auf Hawaii.

Ball begann ihre Karriere mit der Erforschung der Chemie von Kava, einer Pflanze, die schon lange von den Einheimischen als Medizin verwendet wurde.

Balls Erkenntnisse verbesserten das Leben vieler Menschen.

Ball war sehr gut darin, die Chemie der Pflanzen zu entschlüsseln — herauszufinden, welche Stoffe bestimmter Pflanzen als Arzneimittel geeignet waren. Eines Tages kam ein Arzt mit einem Problem zu ihr. Die einzige Behandlung, die er für die schlimme Hautkrankheit Lepra hatte, war Chaulmoogra-Öl aus den Früchten heimischer Bäume. Die Injektion des Öls in den Blutkreislauf eines Patienten war jedoch schmerzhaft, da sich Öl und Wasser nicht vermischen und Blut hauptsächlich aus Wasser besteht.

Es verursachte außerdem unangenehme Nebenwirkungen bei den Patienten.

Lepra

Lepra ist eine ansteckende Krankheit, die durch das Bakterium Mycobacterium leprae verursacht wird. Wenn sie nicht behandelt wird, kann sie schmerzhafte Wunden verursachen, die Augen schädigen und die Beweglichkeit einschränken. Heutzutage gibt es jedes Jahr weltweit 200 000 neue Leprafälle.

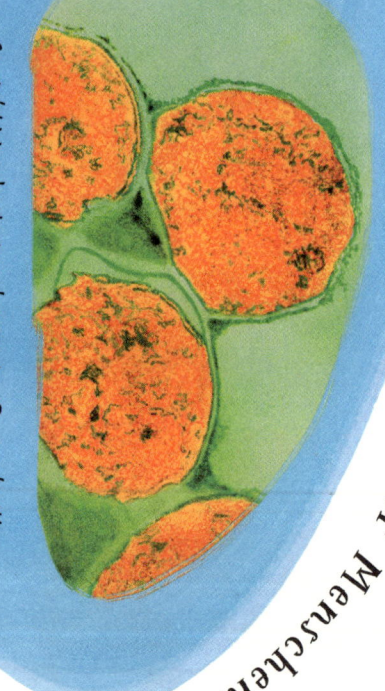

So sieht Mycobacterium leprae im Querschnitt unter dem Mikroskop aus.

1916 wurde Ball sehr krank und starb. Möglicherweise hat sie aus Versehen beim Unterrichten Chlorgas eingeatmet.

Chaulmoogra-Bäume wachsen auf Hawaii und an anderen Orten mit tropischem Klima. Ihre saftigen Früchte sind mit öligen Samen gefüllt.

Die Ball-Methode

Ball stürzte sich in die Lösung des Problems. In weniger als einem Jahr gelang es ihr, eine andere Form des Öls herzustellen. Es enthielt die gleichen bakterienbekämpfenden Stoffe, aber es löste sich in Wasser auf. Dies machte Injektionen viel sicherer und weit weniger schmerzhaft. Diese Behandlung wurde 1916 eingeführt und jahrzehntelang angewendet, bis 1943 ein neues Heilmittel erfunden wurde. Leider starb Ball, bevor sie sehen konnte, wie ihre Arbeit das Leben von Leprakranken verbessert hatte.

Jemand anderes setzte Balls Arbeit mit Chaulmoogra-Öl fort und steckte das ganze Lob dafür ein. Als später die Wahrheit herauskam, wurde die Behandlung als „Ball-Methode" bekannt.

IM LABOR

Wissenschaft beginnt mit Beobachten und dabei verlassen wir uns auf unsere Sinne – Sehen, Hören, Riechen, Berühren und Schmecken. Darüber hinaus haben Wissenschaftler im Lauf der Zeit Werkzeuge und Instrumente entwickelt, die ihnen dabei helfen, Dinge zu erforschen, zu prüfen und zu vermessen.

Bunsenbrenner

Bei diesem Gasbrenner zum Erhitzen von Flüssigkeiten wird das Gas mit Luft vermischt, bevor es verbrannt wird, was zu einer wirklich heißen Flamme führt – bis 1500 °C! Der Brenner ist nach Robert Bunsen benannt, der ihn nach den Entwürfen anderer Forscher herstellte.

Pasteurpipette

Louis Pasteur erfand diese Pipette, um kleinste Mengen an Flüssigkeiten und winzige Keime aufzunehmen, ohne sie mit anderen Dingen zu vermischen. Drückt man den Ball am Ende zusammen, wird Luft oder Flüssigkeit herausgepresst, lässt man den Ball los, wird Luft oder Flüssigkeit nach oben in das Röhrchen gesaugt.

Die ersten Pipetten waren Glasröhrchen mit Gummibällen, heute bestehen sie oft aus einem einzigen Stück Plastik.

Hitzebeständiges Glas

Glasbehälter wurden erstmals vor mehr als 2000 Jahren verwendet. Glas ist unempfindlich gegen die meisten Chemikalien und es ist durchsichtig, sodass man die Experimente sehen kann, während sie stattfinden. Heute enthalten Laborgläser den Zusatzstoff Boroxid. Er verhindert, dass das Glas bei hohen Temperaturen zerspringt. Wegen der Zusatzstoffe wird dieses hitzebeständige Glas auch Borosilikatglas genannt.

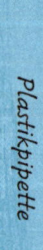

Plastikpipette

Lackmuspapier

Dieses Papier enthält eine Mischung aus Chemikalien, die in sauren Flüssigkeiten wie Zitronensaft rot und in basischen Flüssigkeiten wie Seife blau wird. So kann man schnell und einfach feststellen, ob eine Chemikalie oder ein Gemisch sauer oder basisch ist.

Petrischale

Diese flachen Schalen, die gut unter ein Mikroskopobjektiv passen, wurden von Julius Petri erfunden. Wissenschaftler verwenden sie, um Kulturen (große Gruppen) winziger Lebewesen wie Zellen zu züchten. Die Abdeckung sorgt dafür, dass eine Kultur nicht durch andere Dinge verunreinigt wird.

Thermometer

Dieses Laborinstrument wurde entwickelt, um Temperaturänderungen zu messen. Dafür gibt es verschiedene Temperaturskalen wie Celsius, Fahrenheit und Kelvin. Die ersten Thermometer waren mit Flüssigkeiten wie Quecksilber (ein flüssiges Metall) gefüllt. Wenn sich die Flüssigkeiten erwärmen, benötigen sie mehr Platz und ihr Pegel steigt im Thermometer nach oben.

Mikroskop

Mikroskope ermöglichen es Wissenschaftlern, Dinge zu sehen, die für unsere Augen unsichtbar sind. Die ersten Mikroskope benötigten Licht, um ein vergrößertes Bild zu erzeugen. Die stärksten Mikroskope von heute verwenden stattdessen Elektronenstrahlen.

Robert Hooke war einer der Ersten, der Mikroskope mit mehr als einer oder zwei Linsen herstellte. So konnte er zum ersten Mal Zellen sehen.

RITA LEVI-MONTALCINI

Italienische Neurophysiologin (1909–2012)

Das Studium der Medizin

Das Studium der Medizin erfüllte Rita Levi-Montalcini mit Staunen über das Wunder des Lebens. Die Frage, die sie am meisten beschäftigte, war, wie eine einzige Zelle von der Größe eines Staubkorns zu einem Lebewesen heranwachsen konnte, das aus Milliarden verschiedener Zellen besteht! An der Universität lernte Levi-Montalcini, wie sich eine Zelle teilt, sodass daraus zwei neue Zellen entstehen. Niemand konnte ihr jedoch sagen, wie sich diese Zellen voneinander unterschieden und warum jede unterschiedliche Arbeit verrichtete. Woher wusste eine Zelle, dass sie beispielsweise eine Nervenzelle und keine Blut- oder Hautzelle werden sollte? Es wurde Levi-Montalcinis Mission, das herauszufinden. Sie begann, Zellen und Gewebe von winzigen, ungeschlüpften Hühnerembryonen zu untersuchen, die noch in ihren Eiern heranwuchsen.

Das Küken und das Ei

Levi-Montalcini untersuchte, wie Hühnerembryonen zu Küken heranwuchsen. Sie wollte wissen, wie es dazu kam, dass sich bestimmte Zellen zu Nervenzellen entwickelten.

Levi-Montalcini bemerkte, dass die Nerven eines Hühnerembryos nicht wie gewohnt wuchsen, wenn sie bestimmtes Gewebe aus ihm entfernte.

Ein mächtiges Protein

Nach vielen Versuchen wurde eines klar: Das Gewebe des Hühnerembryos enthielt eine Art Anweisung, die neue Nervenzellen zum Wachsen auffordert. Dies widersprach den Theorien anderer Wissenschaftler zu dieser Zeit, auch denen von Levi-Montalcinis ehemaligem Lehrer!

Nach dem Zweiten Weltkrieg wurde Levi-Montalcini eingeladen, ihre Experimente in einem professionellen Labor zu wiederholen, wo ihre außergewöhnliche Entdeckung bestätigt wurde. Levi-Montalcini entdeckte danach gemeinsam mit dem Biochemiker Stanley Cohen ein Protein (einen organischen Baustein), das Wachstum und Entwicklung neuer Nervenzellen steuert. Levi-Montalcini und Cohen erhielten den Nobelpreis für die Entdeckung dieses „Nervenwachstumsfaktors". Ihre Arbeit half Wissenschaftlern und Ärzten, besser zu verstehen, wie Zellen und Organe wachsen und was bestimmte Krankheiten wie Krebs verursacht.

Levi-Montalcini führte die ersten Experimente in ihrem Schlafzimmer durch, als sie und ihre Familie sich im Zweiten Weltkrieg vor den deutschen Truppen versteckten.

Levi-Montalcini und Cohen forschten an der Washington-Universität in St. Louis (USA).

DOROTHY HODGKIN
Britische Chemikerin (1910–1994)

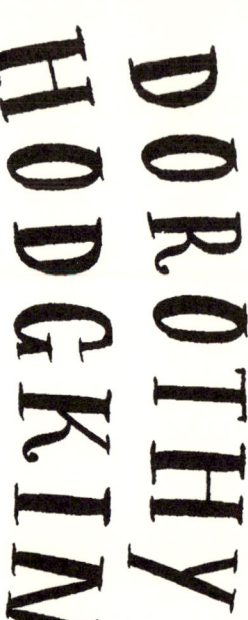

Um Kristalle zu erzeugen, führte Hodgkin ein einfaches Experiment aus ihrer Schulzeit durch.

1) Kupfersulfat löst sich in Wasser auf.

2) Das Wasser verdunstet langsam – es verwandelt sich in Gas.

3) Zurück bleibt reines Kupfersulfat. Seine Moleküle haben eine regelmäßige Form, sodass sie sich zu Kristallen zusammenfügen.

Dorothy Hodgkin verwandelte schon als Kind den Dachboden ihres Hauses in ein Labor, sammelte Objekte, die sie in der Natur gefunden hatte, und analysierte sie mit ihrem Chemiebaukasten. Am meisten gefielen Hodgkin aber die schönen Kristalle, die sich bildeten, wenn bestimmte Salze in Wasser aufgelöst wurden. Sie beschloss daher, Chemie an der Universität zu studieren, damit sie weiter forschen konnte. Hodgkin lernte, dass sie mit Röntgenstrahlen tief in den Kristall einer Chemikalie hineinblicken konnte, um herauszufinden, woraus sie besteht. Dabei konzentrierte sich Hodgkin besonders auf Chemikalien, die für die menschliche Gesundheit wichtig sind.

Hodgkins erste große Entdeckung war der Aufbau des Antibiotikums Penizillin. Forschende konnten nun ihre eigenen Versionen dieser wichtigen Arznei herstellen.

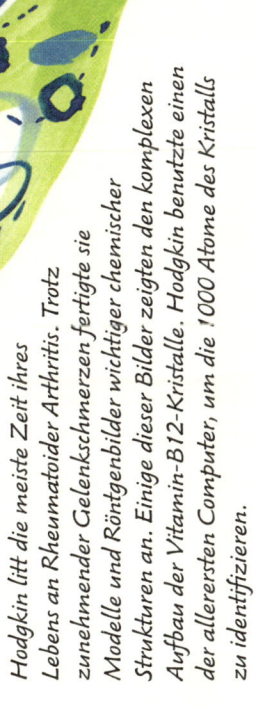

Hodgkin litt die meiste Zeit ihres Lebens an Rheumatoider Arthritis. Trotz zunehmender Gelenkschmerzen fertigte sie Modelle und Röntgenbilder wichtiger chemischer Strukturen an. Einige dieser Bilder zeigten den komplexen Aufbau der Vitamin-B12-Kristalle. Hodgkin benutzte einen der allerersten Computer, um die 1000 Atome des Kristalls zu identifizieren.

Insulin

Nach 30 Jahren hatte Hodgkin die Röntgenkristallographie so stark verbessert, dass sie ihr bisher schwierigstes Problem lösen konnte – den Aufbau des Insulins. Dies ist eine Substanz, die der Körper herstellt. Ist davon nicht genug im Körper vorhande, leidet man an einer Krankheit namens Diabetes.

Kristalle unter Beschuss

Bei der Röntgenkristallographie werden die Kristalle einer Chemikalie mit Röntgenstrahlen beschossen. Die von den Röntgenstrahlen gebildeten Muster sind wie eine Karte der Chemikalie. Forschende finden so heraus, aus welchen Atomen die Moleküle der Chemikalie bestehen und wie sie zusammenpassen. Hodgkin wurde Expertin darin, die von Lebewesen hergestellten Chemikalien zu entschlüsseln. Sobald die Forschenden ein Molekül richtig verstanden haben, können sie herausfinden, wie es funktioniert, und so neue Behandlungen und Medikamente entwickeln. Hodgkin arbeitete auch daran, den naturwissenschaftlichen Unterricht zu verbessern, und ermutigte andere Frauen, ihr in die bunte Welt der Chemie zu folgen.

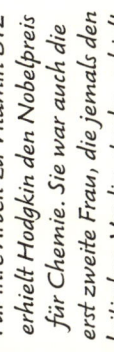

Für ihre Arbeit zu Vitamin B12 erhielt Hodgkin den Nobelpreis für Chemie. Sie war auch die erst zweite Frau, die jemals den britischen Verdienstorden erhielt.

AKIRA YOSHINO
Japanischer Chemiker
(geb. 1948)

Um 1975 arbeiteten Wissenschaftler daran, leistungsstarke Computerchips viel kleiner zu machen — so klein, dass sie in Geräte passten, die man in der Hand halten konnte. Das Problem war jedoch, dass die Akkus (wiederaufladbare Batterien), die die Geräte mit Strom versorgten, immer noch viel zu groß waren und auch nicht sehr lange hielten. Akira Yoshino wurde mit der Lösung dieses Problems beauftragt.

Die meisten Erfinder versuchten nur, ältere Modelle zu verbessern. Yoshino wollte aber etwas Neues ausprobieren. Er half mit, den modernen Lithium-Ionen-Akku zu entwickeln, der viel kleiner und leichter war als die Akkus anderer Erfinder.

Marsmotor

Elektroautos werden immer beliebter, da die Menschen versuchen, weniger fossile Brennstoffe zu verbrauchen. Bis 2040 werden voraussichtlich mehr als 50 Millionen Elektrofahrzeuge über die Straßen sausen — und einige davon auch auf anderen Planeten!

Das elektrische Marsfahrzeug Opportunity fuhr mehr als 10 Jahre lang über den Mars.

2019 erhielt Yoshino den Nobelpreis für Chemie.

Die Zukunft ist elektrisch

Yoshino entdeckte, dass die Verwendung von Kohlenstoff in einer Lithium-Ionen-Batterie diese sicherer machte als frühere Versionen. 1985 meldete er seine Batterie zum Patent an. Ein Patent ist ein Dokument, das das Neue an einer Erfindung beschreibt. Der Besitzer des Patents hat eine bestimmte Zeit lang als Einziger das Recht, die Erfindung zu verkaufen. Die ersten Lithium-Ionen-Akkus wurden 1991 verkauft — rund 10 Jahre nach Beginn der Entwicklung. Die Lithium-Ionen-Akkus werden immer dünner und leichter. Sie sind heute in Laptops, Handys, Tablets und Spielekonsolen zu finden. Größere Versionen waren der Schlüssel zur Entwicklung von Elektrofahrzeugen. Heute werden fast 65 Prozent des jährlich produzierten Lithiums zur Herstellung von Batterien verwendet. Es gibt noch einige technologische und ökologische Probleme zu lösen, aber Yoshinos Arbeit an dieser wiederaufladbaren Energiequelle hat den Weg in eine Zukunft ohne fossile Brennstoffe — wie zum Beispiel Öl oder Kohle — geebnet.

Wiederaufladbare Batterien werden in Zukunft immer wichtiger werden, denn sie speichern Strom aus erneuerbaren Energiequellen.

QUARRAISHA ABDOOL KARIM
Indisch-südafrikanische Epidemiologin (geb. 1960)

Abdool Karim versucht zu verstehen, wie und warum sich Krankheiten ausbreiten. Dieses Wissenschaftsgebiet wird Epidemiologie genannt.

Die Wissenschaft gefiel Abdool Karim, weil sie dadurch den Menschen helfen konnte. Als junge Forscherin begann sie, das HI-Virus zu untersuchen, das immer mehr Menschen in Südafrika und auf der ganzen Welt befiel. Dieses Virus schädigt die Zellen des körpereigenen Immunsystems, das Krankheiten abwehrt. Mit der Zeit kann das Immunsystem eines Patienten so schwach werden, dass er selbst alltägliche Infektionen wie eine Grippe nicht mehr loswird. Dieser Zustand wird als erworbenes Immunschwächesyndrom oder kurz AIDS bezeichnet.

So sieht das HI-Virus unter einem starken Mikroskop aus.

Weltweite Hilfe

Die rote Schleife ist weltweit das Symbol für die Unterstützung der Menschen, die an HIV leiden. Abdool Karim leitet ein großes Forscherteam, das nach Impfstoffen, Behandlungen und Heilmitteln für HIV und AIDS sucht.

Das Virus verstehen

Ärzte wussten bereits, dass das HI-Virus durch bestimmte Körperflüssigkeiten wie Blut von Mensch zu Mensch übertragen wird. Einige Personengruppen wurden jedoch häufiger davon infiziert als andere. Um 1990 entdeckte Abdool Karim, dass in Südafrika junge Menschen – und insbesondere Mädchen im Teenageralter – am stärksten gefährdet sind. Abdool Karim beschloss herauszufinden, was die Gründe dafür waren und ihre Entdeckungen dazu zu nutzen, die Ausbreitung des Virus zu verhindern.

Durch die Zusammenarbeit mit Gemeinden in Südafrika entdeckte Abdool Karim, dass junge Frauen nicht gern Erwachsene um Rat fragten, wenn es um Themen wie Gesundheit ging. Sie sprachen lieber mit ihren Freunden darüber. Dadurch verbreiteten sich oft falsche Informationen.

Abdool Karim schlug vor, jungen Frauen beizubringen, wie sie sich vor dem Virus schützen können. Sie entwickelte auch ein Medikament, das die Ausbreitung des Virus stoppt. Fast 8 Millionen Menschen in Südafrika leiden an HIV, aber dank Abdool Karims Arbeit können viele von ihnen behandelt werden.

FANTASTISCHE PHYSIK

Wie können wir das Universum erklären? Das höchste Ziel in der Physik ist es, die eine Antwort zu finden, die alles erklären kann – die Bewegungen von Sternen und Galaxien, das Verhalten von Teilchen, die kleiner sind als Atome, die verschiedenen Energieformen und die geheimnisvolle, nicht sichtbare Dunkle Materie.

GALILEO GALILEI
Italienischer Mathematiker und Astronom (1564–1642)

Im 16. und 17. Jahrhundert beruhten viele Vorstellungen darüber, wie die Welt funktioniert, auf Ideen aus dem griechischen Altertum. Manche davon erscheinen uns heute sehr seltsam – wie zum Beispiel der Glaube, dass die Erde im Zentrum des Universums steht, wo sie von der Sonne, den Planeten und den Sternen umkreist wird.

Galileo Galilei hatte keine Angst davor, diese alten Ideen infrage zu stellen und neue zu entwickeln. Zu diesem Zweck baute er seine eigenen Instrumente, wie Teleskope, und er entwarf Experimente, um Ideen zu testen. Die Dinge, die er entdeckte, kommen uns heute ganz normal vor, aber zu seiner Zeit waren viele Leute anderer Meinung als Galilei.

Zentrum des Sonnensystems

Der polnische Astronom Nikolaus Kopernikus hatte die Idee, dass die Erde um die Sonne kreist. Galilei beobachtete den Nachthimmel mit dem Teleskop und fand Beweise dafür, dass Kopernikus recht hatte. Dies verärgerte viele mächtige Leute. Sie befahlen Galilei, diese Wahrheit nicht zu verbreiten. Aber sie konnten ihn nicht von seiner Arbeit abhalten.

Vor Galilei glaubten die meisten Menschen, dass die Sonne die Erde umkreist. In Wirklichkeit ist es aber umgekehrt.

Galilei verbesserte sein Teleskop, indem er seine eigenen Linsen herstellte – die gebogenen Glasstücke im Inneren, die Objekte größer erscheinen lassen.

Ein Mann mit vielen Talenten

Galilei war ein Universalgelehrter. Das bedeutet, dass er in vielen Dingen gut war! Er schrieb Gedichte, spielte Musik, malte Bilder und studierte Medizin. Mathematik war jedoch sein Lieblingsfach. Zum Beispiel stellte er fest, dass Dinge nicht aufhörten, sich zu bewegen, weil sie keine Schubkraft mehr hatten, sondern weil Reibung sie verlangsamte. Isaac Newton stützte seine ersten beiden Gesetze der Bewegung auf Galileis Entdeckungen. Wir verwenden diese Gesetze auch heute noch, um zu verstehen, wie alle Arten von Objekten sich bewegen.

Galilei rollte Metallkugeln über Rampen, um zu messen, wie sich Gegenstände beim Fallen beschleunigen.

Galilei beobachtete den Mond mit dem Teleskop. Er zeichnete Karten der Krater auf der Mondoberfläche.

Mit einem Experiment bewies Galilei, dass Objekte, die durch die Luft geschleudert werden, sich in einer glatten, gekrümmten Form bewegen, die als Parabel bezeichnet wird.

„Es ist ein schöner und erfreulicher Anblick, den Mondkörper aus der Nähe zu betrachten."

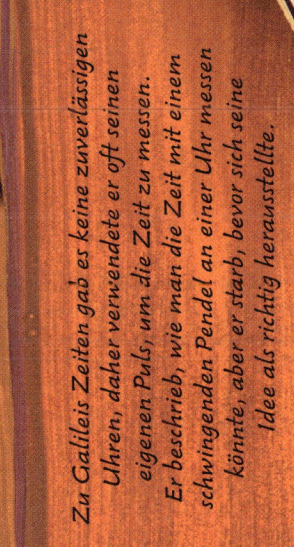

Zu Galileis Zeiten gab es keine zuverlässigen Uhren, daher verwendete er oft seinen eigenen Puls, um die Zeit zu messen. Er beschrieb, wie man die Zeit mit einem schwingenden Pendel an einer Uhr messen könnte, aber er starb, bevor sich seine Idee als richtig herausstellte.

ISAAC NEWTON
Englischer Physiker (1643–1726)

Schon als Jugendlicher musste Isaac Newton den Bauernhof der Familie leiten. Seine Gedanken waren jedoch bei anderen Dingen. Er liebte es herauszufinden, wie man mechanische Objekte baut. Zu seinen Projekten gehörten eine mit Wasser betriebene Uhr und eine mit einer Maus betriebene kleine Windmühle! Schließlich entschied seine Mutter, dass er für ein Universitätsstudium besser geeignet wäre, als einen Bauernhof zu führen.

Leider breitete sich nach einigen Jahren seines Studiums die ansteckende Krankheit Pest in ganz Europa aus. Die Universität schloss, und Newton musste sich sein Wissen selbst beibringen.

Schwerkraft

Newton stellte sich die Schwerkraft als eine Kraft vor, die Objekte zueinander hinzieht. Je größer ein Objekt ist, desto stärker ist seine Anziehungskraft.

Die Schwerkraft zieht Planeten in einer Bahn um die Sonne.

Newton soll seine Theorie der Schwerkraft entwickelt haben, als er sah, wie ein Apfel vom Baum fiel, aber das ist wahrscheinlich nur eine erfundene Geschichte!

Newtons berühmtestes Buch Principia enthält 500 Seiten voll großartiger Ideen.

Genialer Kopf

Newton hatte viele erstaunliche Ideen. Er erfand die Infinitesimalrechnung, eine mathematische Methode, um schwierige Berechnungen anzustellen. Er erforschte das Licht und sah, dass es aus vielen Farben besteht. Newtons bekannteste Entdeckung aber ist die Schwerkraft. Dies ist die Kraft, die uns auf der Erde hält und unseren Planeten um die Sonne kreisen lässt.

Newton schrieb auch die drei „Gesetze der Bewegung". Sie erklären, warum Objekte sich auf eine bestimmte Weise bewegen.

Farben des Regenbogens

Um etwas über Licht zu erfahren, schickte Newton Lichtstrahlen durch ein Glasprisma. Er entdeckte, dass das Licht in verschiedenen Farben aus dem Prisma austritt.
So erkannte Newton, dass Licht eine Mischung aus vielen Farben ist.

Newton machte auch einige Erfindungen, wie zum Beispiel das Spiegelteleskop.

Newtons Hund Diamond stieß eine Kerze um und wichtige Forschungsergebnisse verbrannten!

Newtons Ideen zu Schwerkraft und Bewegung helfen, alles Mögliche zu erklären – von der Bewegung der Planeten bis hin zur Flugbahn eines Fußballs.

Newton veränderte auch die Art und Weise, wie Wissenschaftler arbeiten. Er führte Experimente durch, um seine Ideen zu testen, was für die damalige Zeit ungewöhnlich war. Heute ist es normal, eine Idee durch Experimente zu beweisen.

MICHAEL FARADAY
Englischer Naturwissenschaftler (1791–1867)

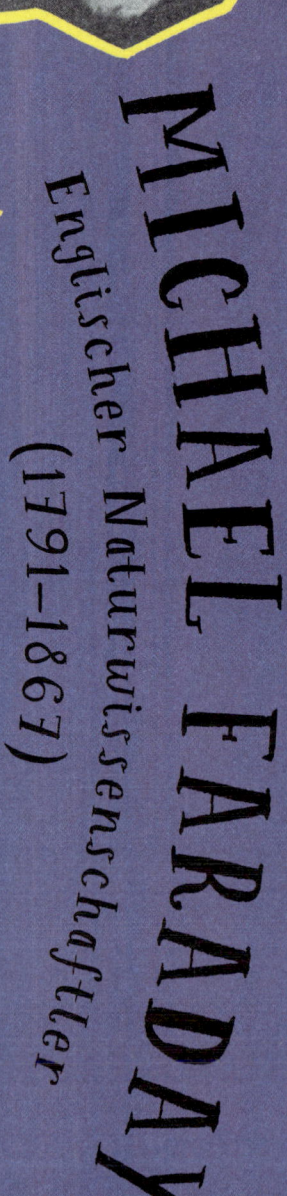

Michael Faraday wurde in London (England) zu Beginn der industriellen Revolution geboren — in einer Zeit, in der viele neue Maschinen erfunden wurden. Wie viele Kinder zu dieser Zeit verließ Faraday die Schule schon mit 13 Jahren, um Geld zu verdienen. Sieben Jahre lang lernte er als Buchbinderlehrling, wie man Bücher macht. Aber Faraday interessierte sich viel mehr für das, was in den Büchern stand. Er las ein Buch über Wissenschaft und war begeistert.

Faraday fing an, nach wissenschaftlichen Büchern zu suchen, um mehr über dieses Thema zu erfahren. Mit 20 hörte er sich einen öffentlichen Vortrag eines berühmten Wissenschaftlers namens Humphrey Davy an. Faraday war fasziniert und beschloss, an Davy zu schreiben, um ihm seine eigenen Fragen und Ideen mitzuteilen. Nur ein Jahr später wurde er Davys Assistent.

Elektrizität verwandeln

Mit seinem Wissen über Elektrizität und Magnetismus baute Faraday einen Elektromotor — eine Maschine, die elektrische Energie in Bewegungsenergie umwandelt. Dann erfand er den Generator, den ersten Dynamo — der Bewegung in Strom umwandelte.

Faraday stellte mithilfe von Drahtspulen Elektromagnete her. Diese werden durch Elektrizität magnetisch.

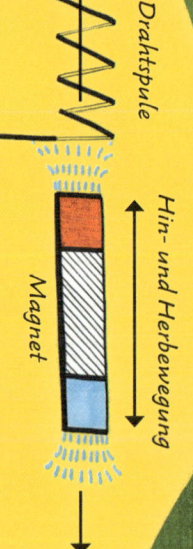

Gemessener Strom

Drahtspule

Hin- und Herbewegung

Magnet

Faraday entdeckte, dass Strom im Draht fließt, wenn er einen Magneten in eine Drahtspule hinein- und wieder herausbewegt.

Ein heller Funke

Zunächst befasste sich Faraday mit chemischen Projekten. Doch schon bald faszinierte ihn eine neue Entdeckung in der Physik: Fließt Strom durch einen Metalldraht, wird dieser zu einem schwachen Magneten. Neben seiner Arbeit für Davy begann Faraday im Stillen seine eigene Forschung. Im Jahr 1821 fand er heraus, wie man einen Draht und einen Magneten so anordnet, dass der Draht anfängt im Kreis um den Magneten zu schwingen, sobald Strom hindurchfließt. Er hatte zum ersten Mal in der Geschichte Strom in Bewegung verwandelt und damit den Elektromotor erfunden.

Im Jahr 1822 kritzelte Faraday in sein Tagebuch eine Notiz, das Experiment bald in umgekehrter Reihenfolge zu versuchen. Zehn Jahre später machte er sich endlich an diese Aufgabe und stellte fest, dass man mit Magneten und Bewegung Strom erzeugen kann – der Dynamo war erfunden. Jetzt gab es eine Möglichkeit, Strom zu erzeugen, ohne Batterien verwenden zu müssen, die leer werden können. Faradays Ideen und Entdeckungen lösten ein Zeitalter der Erfindungen und Experimente aus!

Leuchttürme verwendeten früher Öllampen als Licht. Faraday suchte jahrelang nach einer Möglichkeit, stattdessen einen Generator zu verwenden. 1858 wurde mit Faradays Genehmigung zum ersten Mal elektrische Beleuchtung in einem Leuchtturm installiert.

Vom South-Foreland-Leuchtturm in Dover (England) leuchtete zum ersten Mal elektrisches Licht aufs Meer hinaus.

Faraday hielt spannende Vorlesungen an der Royal Institution in London, um Kinder für die Wissenschaft zu begeistern.

Faraday half Humphrey Davy, eine sichere Lampe für die Kohleminen zu entwickeln. Vorher führten Lampen dort oft zu Explosionen.

ERNEST RUTHERFORD

Neuseeländisch-britischer Physiker (1871–1937)

Manche Wissenschaftler werden für eine einzige weltverändernde Entdeckung berühmt. Ernest Rutherford machte gleich drei! Die wichtigste war, dass Atome zum größten Teil aus leerem Raum bestehen. Dies bereitete den Weg für neue Erkenntnisse über Atome und Strahlung (eine Art von Energie).

Rutherford fand außerdem heraus, warum bestimmte Dinge — sogenannte radioaktive Stoffe — Strahlung abgeben. Und er entdeckte das Proton, einen der drei Bausteine, aus denen Atome bestehen.

Da Rutherford auf einem Bauernhof ohne Zugang zu einer guten naturwissenschaftlichen Ausbildung aufgewachsen war, bemühte er sich als Erwachsener, Physikstudenten zum Erfolg zu verhelfen. Seine Forschung begründete die Wissenschaft der Kernphysik.

Rutherford leitete Strahlung durch eine Goldfolie. Manche Strahlen trafen an anderen Stellen auf den Leuchtschirm, als wenn sie einfach geradeaus durch die Folie gegangen wären.

Leuchtschirm

Radioaktiver Stoff (gibt Strahlung ab)

Die Art und Weise, wie die Strahlung abgelenkt wurde, sagte Rutherford, dass sich der größte Teil der Masse in einem Atom im Zentrum — dem Atomkern — befindet.

Atomkern

Früher dachte man, die Masse eines Atoms sei gleichmäßig verteilt, sodass die Strahlung in geraden Linien hindurchdringt.

Rutherford stellte sich Atome als Mini-Sonnensysteme vor, bei denen Elektronen (in Blau) den Kern im Zentrum umkreisen.

NIELS BOHR
Dänischer Physiker (1885–1962)

Niels Bohr hatte eine andere Kindheit als Rutherford. Sein Vater war ein Wissenschaftler, der zweimal für den Nobelpreis vorgeschlagen wurde! Als junger Wissenschaftler hatte Bohr die Möglichkeit, an der Seite von Rutherford an der Universität von Manchester (England) zu arbeiten. Er befasste sich mit Rutherfords Modell vom Aufbau der Atome, konzentrierte sich aber auf die Elektronen – die Teilchen, die sich um den Atomkern bewegen. Bohr fand heraus, dass die Elektronen in Bahnen um den Kern kreisen.

Springende Elektronen

Bohrs Entdeckung erklärte viele rätselhafte Dinge, zum Beispiel, warum Atome beim Erhitzen in unterschiedlichen Farben leuchten. Wenn Atome Energie aufnehmen, können ihre Elektronen eine oder mehrere Bahnen nach oben springen. Kehren die Elektronen an ihren ursprünglichen Platz zurück, wird die gewonnene Energie als Licht freigesetzt. Bohrs Entdeckung half, die Eigenschaften von Elementen zu erklären und vorher-zusagen. So konnten die Menschen die Kernenergie auf neue Weise nutzen, zum Beispiel als Energiequelle.

Bohr verbesserte Rutherfords Atommodell.

Das Zerbrechen der Atomkerne setzt riesige Energiemengen frei. Bohr sagte voraus, dass damit mächtige Bomben hergestellt werden könnten. Die erste Atombombe der Welt wurde 1945 in Hiroshima während des Zweiten Weltkriegs gezündet.

Nach dem Zweiten Weltkrieg arbeitete Bohr daran, Wege für eine friedliche Nutzung der Kernphysik zu finden. Er war einer der Gründer des Forschungsinstituts CERN, wo Forschende aus der ganzen Welt Atome und noch kleinere Teilchen untersuchen.

ALBERT EINSTEIN
Deutscher Physiker
(1879–1955)

Albert Einstein war nicht die Art von Physiker, die Bälle von Türmen wirft, um zu sehen, wie sie fallen. Er war ein theoretischer Physiker, der das Universum nur in Gedanken erforschte. Seine „Gedankenexperimente" über Licht und Schwerkraft halfen ihm, neue Theorien zu entwickeln und zu erklären, wie das Universum funktioniert.

Einstein benutzte Mathematik als Sprache, um das Universum zu beschreiben und seine Ideen zu testen. In nur einem Jahr veröffentlichte er Theorien, die unser Verständnis von Licht, Atomen, bewegten Objekten, Energie, Zeit und Schwerkraft veränderten. Er wurde ein wissenschaftlicher Superstar und noch über 100 Jahre später verwenden wir seinen Nachnamen, um jemanden als „Genie" zu bezeichnen.

Einstein erkannte, dass Raum und Zeit eine Einheit sind — die Raumzeit.

Luft-Atome

Einstein erkannte, dass die Staubkörner, die du in einem Sonnenstrahl siehst, durch wackelnde Luft-Atome herumgewirbelt werden. Dies war der erste Beweis, dass es Atome gibt.

Alles ist relativ

Einsteins bekannteste Idee ist die Relativität. Stell dir zum Beispiel einen Frosch vor, der auf einem fahrenden Skateboard auf und ab hüpft. Eine Person, die auf dem Boden steht und den Frosch von der Seite betrachtet, sieht, wie sich der Frosch nach oben, nach unten und nach vorne bewegt. Aber eine Person, die mit dem Frosch auf dem Skateboard steht, sieht nur, wie sich der Frosch auf und ab bewegt. Die Art und Weise, wie sich der Frosch zu bewegen scheint, ist relativ, das heißt, davon abhängig, wo wir uns befinden, während wir ihn beobachten. Einstein erkannte auch, dass sogar die Zeit relativ ist. Je nachdem, wo du dich befindest und wie du dich bewegst, wenn du die Zeit misst, scheint sie schneller oder langsamer zu vergehen.

Jedes Objekt im Universum biegt oder verzerrt die Raumzeit um sich herum – sogar Frösche! Je mehr Masse ein Objekt hat, desto stärker verbiegt es die Raumzeit.

Wenn ein Planet, ein Raumschiff oder ein Lichtstrahl diese verzerrte Raumzeit durchquert, wird auch seine Bahn verbogen. Dies ist der Effekt, den wir Schwerkraft nennen.

$$E = mc^2$$

Das „c" steht für die Lichtgeschwindigkeit.

Einstein schrieb die Gleichung $E = mc^2$, um zu zeigen, dass Energie (E) und Masse (m) wirklich zwei verschiedene Formen derselben Sache sind!

Nach Einsteins Tod untersuchten Wissenschaftler sein Gehirn. Es hatte mehr Verbindungen zwischen der linken und rechten Hälfte als üblich.

EMMY NOETHER
Deutsche Mathematikerin
(1882–1935)

Emmy Noether wollte unbedingt in die Fußstapfen ihres Vaters treten und Mathematikerin werden. Damals durften Mädchen in Deutschland noch nicht studieren. Sie konnten aber an den Lehrveranstaltungen teilnehmen, was Noether an der Universität Erlangen tat. Sie war dort eine von nur zwei Frauen unter Tausenden männlicher Studenten!

Langsam änderten sich die Regeln und 1907 hatte Noether es geschafft, Mathematik zu studieren und sogar zu promovieren – das ist der höchste Abschluss, den man an der Universität bekommen kann. Die nächste Herausforderung für Noether war, eine Anstellung zu finden. Die meisten Menschen dachten nämlich zu jener Zeit, nur Männer könnten Mathematiker sein.

Noether arbeitete und forschte an der Universität Göttingen.

Noethers Theorem

Wenn Physiker seltsame Dinge erklären wollen – zum Beispiel, warum Vögel, die auf Stromleitungen sitzen, keinen Stromschlag bekommen –, greifen sie auf Noethers Theorem zurück.

Noether verwendete Mathematik und dieses Theorem, um die Symmetrie in der Welt um uns herum zu beschreiben.

Das Theorem von Noether hilft zu erklären, wie Luft über den Flügel eines Flugzeugs strömt.

Noethers Theorem (Regel) erklärt, warum die Gesetze der Physik überall im Universum gleich bleiben.

Noether entwickelte eine neue Art von Mathematik, die sogenannte „abstrakte Algebra". Sie ist wie eine spezielle Sprache, mit der Wissenschaftler das Universum besser erforschen, beschreiben und verstehen können.

Um 1935 wurde Deutschland ein gefährlicher Ort für jüdische Menschen wie Noether, daher wanderte sie in die USA aus. Dort wurde sie schnell so respektiert wie in Europa. Die von ihr entwickelten mathematischen Regeln werden von Forschenden auf der ganzen Welt verwendet. Sie helfen dabei, alles zu erklären, vom Verhalten winziger Teilchen bis hin zur Schwerkraft von Schwarzen Löchern.

Noethers Mathematik hilft uns, das Universum zu verstehen.

Mathematisches Talent

Noether musste zunächst ohne Bezahlung arbeiten. Ihr großes mathematisches Talent führte jedoch bald dazu, dass viele führende Wissenschaftler und Mathematiker mit ihr zusammenarbeiten wollten.

Noether half, ein Rätsel zu lösen, das Albert Einsteins neue Schwerkrafttheorie aufgeworfen hatte. Sie bewies zwei wichtige mathematische Theoreme und schließlich forderten viele Leute, darunter auch Einstein selbst, dass Noether für ihre Arbeit bezahlt wird. 1922 wurde sie endlich als bezahlte Forscherin und Professorin an der Universität Göttingen angestellt.

Noether liebte es, bei langen Spaziergängen und Picknicks mit ihren Studenten über Algebra zu plaudern.

ERWIN SCHRÖDINGER
österreichischer Physiker und Philosoph (1887–1961)

Wissenschaft wird nicht nur drinnen im Labor gemacht. Erwin Schrödinger führte seine Gedankenexperimente am schönen Zürichsee in der Schweiz durch. Im Sommer gab er sogar Kurse in Badehosen an einem Strand am See! Er benutzte Mathematik, um Dinge zu beschreiben und vorherzusagen, die im Universum passieren.

Schrödinger war besonders daran interessiert herauszufinden, was im Inneren von Atomen vor sich geht. Er hoffte, dass das Verhalten winziger Teilchen einige der seltsamen und wunderbaren Dinge auf der Welt erklären würde. Zum Beispiel fand er heraus, warum Substanzen in bestimmten Farben leuchten, wenn sie mit Licht- oder Wärmeenergie bestrahlt werden.

$$H(t)|\psi(t)\rangle = i\hbar \frac{\partial}{\partial t}|\psi(t)\rangle$$

Schrödingers Ideen, aufgeschrieben in der Sprache der Mathematik, waren der Beginn einer neuen Art von Wissenschaft, die sich auf das Verhalten von Teilchen konzentrierte – die Quantenmechanik.

Schrödingers Katze

In diesem Gedankenexperiment stirbt eine Katze in einer geschlossenen Kiste, nachdem ein zerfallendes Atom eine Kettenreaktion ausgelöst hat. Die Quantenmechanik sagt nicht genau, wann dies passieren wird. Die Schlussfolgerung ist, dass die Katze gleichzeitig lebendig und tot sein könnte, so lange man die Kiste nicht öffnet.

Der riesige Schrödinger-Krater auf dem Mond ist nach dem Wissenschaftler benannt.

Für sein berühmtes Gedankenexperiment verwendete Schrödinger keine echten Katzen!

Wissenschaft und Politik

1933 erhielt Schrödinger den Nobelpreis für Physik. Er zog nach Deutschland und arbeitete dort an der Seite von Albert Einstein. Das Leben in Deutschland veränderte sich jedoch schnell. Das Land wurde nun von den Nazis und ihrem Führer Adolf Hitler regiert. Die Nazis nahmen vielen Menschen, darunter allen Juden, das Recht, in Deutschland zu leben – sie verboten ihnen sogar bestimmte Berufe.

Schrödinger war nicht damit einverstanden, wie die Juden von den Nazis behandelt wurden. Er beschloss, wie viele andere führende Wissenschaftler, Deutschland zu verlassen. Schrödinger arbeitete an Universitäten auf der ganzen Welt, bevor er 1955 endgültig in sein Heimatland Österreich zurückkehrte.

In seinem Buch Was ist Leben? benutzt Schrödinger schon vor der Entdeckung der DNA das Wort „Code", um zu beschreiben, wie Gene Informationen tragen.

„Ich weiß nicht, ob meine Art des Vorgehens die beste und einfachste ist. Aber, kurz gesagt, es ist meine."

GRACE HOPPER
Amerikanische Informatikerin und Marine-Offizierin (1906–1992)

Informatiker, oder Programmierer, schreiben die Anweisungen, die Computern sagen, was sie tun sollen. Computer verstehen nur Binärsprache, die aus nichts anderem besteht als den zwei Zahlen 0 und 1. Das klingt ziemlich einfach, aber es ist für Menschen schwer, binär zu lesen und zu schreiben. Grace Hopper entwickelte Programme, die es ermöglichten, Computern Anweisungen mit bekannten Wörtern anstelle von Nullen und Einsen zu geben. Ihre Arbeit erleichterte es den Menschen, Computern zu sagen, was sie tun sollen.

Hoppers Weg zur Informatik begann mit einem Mathematikstudium. Während des Zweiten Weltkriegs ging sie zur US-Marine und arbeitete im Computerlabor der Universität von Harvard.

Hopper war ein sehr neugieriges Kind. Einmal zerlegte sie sieben Uhren, um herauszufinden, wie sie funktionieren!

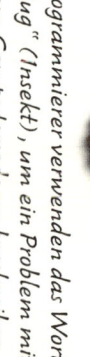

Programmierer verwenden das Wort „Bug" (Insekt), um ein Problem mit dem Computercode zu beschreiben, das behoben werden muss. Hopper fand damals ein echtes Insekt in einem Computer, das ihn daran hinderte, richtig zu funktionieren!

Harvard Mark I

An der Harvard Universität arbeitete Hopper mit einem der allerersten Computer der Welt – dem Harvard Mark I. Er war so groß, dass er einen ganzen Raum ausfüllte, und führte komplizierte Berechnungen durch, die während des Kriegs zum Bau von streng geheimen Waffen erforderlich waren. Hopper lernte, den Mark I zu programmieren, indem sie Zahlen und mathematische Symbole in Binärcode übersetzte.

Neue Computersprache

Nach dem Krieg half Hopper bei der Entwicklung neuer und besserer Computer, einschließlich des ersten vollständig elektronischen Computers. Sie leitete ein Team, um das erste Programm für Computersprachen zu entwickeln, das die langweilige Aufgabe der Übersetzung von mathematischem Code in Binärcode schnell erledigen konnte.

Als Nächstes entwickelten Hopper und ihr Team eine Programmiersprache, die nicht nur Zahlen und Symbole verwendete, sondern auch Wörter. Dies machte es auch für Menschen, die keine Mathematiker waren, einfacher, mit Computern zu arbeiten. Das Zeitalter der Computer hatte begonnen.

Bald wurden viele verschiedene Programmiersprachen entwickelt. Hopper konzentrierte sich auf eine Sprache namens COBOL. Sie trug dazu bei, dass COBOL zu der am weitesten verbreiteten Computersprache der Welt wurde.

Der Raketenzerstörer USS Hopper wurde nach Hopper benannt. Als sie mit 79 Jahren in den Ruhestand ging, war sie die älteste Offizierin der US-Marine.

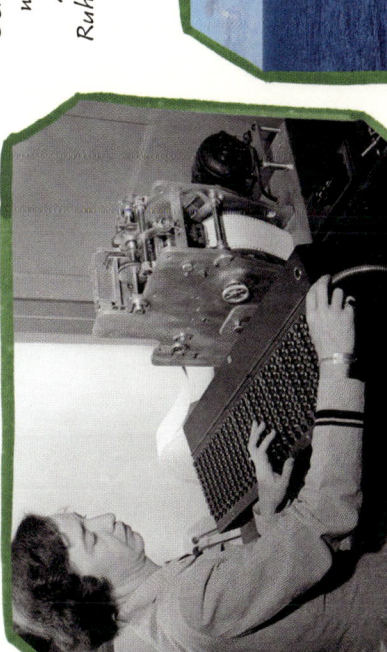

Hopper probierte gern Neues aus. Hier programmiert sie Anweisungen auf Lochstreifen.

WELT DER COMPUTER

Informatikerinnen und Ingenieure schreiben nicht nur Computerprogramme, sie entwickeln auch die Teile eines Computers, die wir anfassen können, die sogenannte Hardware. Das Aussehen der Computer und das, was in ihnen steckt, verändert sich ständig.

Analytische Maschine

Vor rund 200 Jahren schmiedete Charles Babbage Pläne für ein mechanisches Gerät, das komplizierte Berechnungen durchführen kann. Diese „analytische Maschine" wäre der erste echte Computer gewesen, auch wenn sie nicht elektronisch war. Babbage schaffte es jedoch nie, sie zu bauen.

1991 baute das Science Museum in London (England) dieses funktionierende Modell einer anderen Rechenmaschine von Babbage, der Differenzmaschine Nr. 2.

1837

ENIAC

Im Zweiten Weltkrieg entwickelt, um feindliche Geheimbotschaften zu entschlüsseln, wurde ENIAC nach Kriegsende fertiggestellt. Er war der erste vollelektronische Computer und rechnete 1000-mal schneller als mechanische Computer.

1946

1623

Diese Nachbildung der Rechenuhr steht im Deutschen Museum in München.

Rechner

Schon 1623 wurde diese „Rechenuhr" entwickelt. Sie sollte komplizierte Berechnungen für Astronomen anstellen. Mithilfe der Stäbe und Zifferblätter konnte sie Zahlen zusammenzählen, voneinander abziehen, malnehmen und teilen.

Prozessoren

Der Prozessor eines Computers empfängt und verarbeitet Informationen. 1971 kamen die ersten sehr kleinen „Mikroprozessoren" auf den Markt.

1971

Der Mikroprozessor Intel 4004 war nur etwa so groß wie ein Fingernagel!

Tragbare Computer

Dank neuer Technologien und Materialien sind Computer leistungsfähiger, einfacher zu bedienen und kleiner geworden. Heute haben Milliarden von Menschen Computer in der Tasche, die viel mehr können als ENIAC.

1981

Der erste tragbare Computer von 1981 war nicht sehr handlich.

1996

Die ersten Taschen-Computer kamen 1996 auf den Markt.

Heute

Smartphones sind Telefone und Computer in einem Gerät.

Roboter

Roboter sind Maschinen, die von einem Computer gesteuert werden. Sie erledigen oft Aufgaben, die Menschen nicht machen können oder wollen. In Fabriken bauen Roboterarme Dinge zusammen und im Haushalt übernehmen sie das Staubsaugen.

2000

IBM System/360

Um 1965 waren elektronische Computer nicht mehr so teuer, sodass sie von immer mehr Unternehmen verwendet wurden. Geschäftscomputer wie der IBM System/360 konnten verschiedene Programme ausführen und waren daher für unterschiedliche Aufgaben geeignet.

1964

IBM Personal Computer

Dank der Mikroprozessoren konnten Computer so klein und billig gebaut werden, dass die Leute sie bei sich zu Hause aufstellen konnten. Dies war einer der ersten sogenannten Persönlichen Computer – oder kurz „PC".

1981

MARY GOLDA ROSS

Amerikanische Ureinwohnerin, Mathematikerin und Ingenieurin (1908–2008)

Ross half bei der Entwicklung von P-38 Lightning-Kampfflugzeugen.

In einem Zelt auf dem Lockheed-Firmengelände wurden streng geheime Technologien entwickelt.

Ross benutzte einen der ersten Computer für ihre Berechnungen.

Der Großvater von Mary Golda Ross war ein berühmter Häuptling der Cherokee, einem großen Ureinwohnerstamm in den USA. Die Cherokee fanden, dass Mädchen und Jungen gleich erzogen werden sollten, doch das war um 1900 in den USA nicht üblich. Ross war daher fast immer das einzige Mädchen im Mathematik- und Naturwissenschaftsunterricht, aber das machte ihr nichts aus.

Ross erwarb einen Abschluss in Mathematik und arbeitete als Lehrerin, bevor sie 1942 zum Ingenieurbüro Lockheed wechselte. Ihr neuer Arbeitgeber erkannte schnell ihre außergewöhnlichen mathematischen Fähigkeiten und schickte sie zur Ausbildung als Luftfahrtingenieurin an die Universität.

Ross arbeitete am Gemini Agena Target Vehicle (GATV). Er sollte Raumfahrzeugen dabei helfen, im Weltall an andere Fahrzeuge anzudocken.

Zu den Sternen

Nach dem Studium kam Ross bei Lockheed in eine Gruppe von Spezialisten, die als Skunk Works bekannt ist. Zunächst wurde das Team mit der Entwicklung von Raketen und Verteidigungssystemen beauftragt. Dies war eine bahnbrechende Arbeit, aber Ross schrieb auch selbst Geschichte, denn sie war die erste amerikanische Ureinwohnerin, die Luft- und Raumfahrtingenieurin wurde, und die einzige Frau in der Gruppe von 40 Ingenieuren.

Als Nächstes nutzte Ross die Mathematik, um herauszufinden, wie man erstmals einen Satelliten ins All schickt. Sie führte Berechnungen durch, um vorherzusagen, wie sich die Raumsonde auf dem Weg durch die Erdatmosphäre verhalten würde, denn es war wichtig, dass sie dabei nicht vom Weg abkam. Später half Ross bei der Planung von Missionen zum Mars und zur Venus. Ihre Arbeit ist auch jetzt noch streng geheim!

Ross' Arbeit wurde durch eine besondere 1-Dollar-Münze gewürdigt.

Abflug

Das GATV wurde von einer Atlas-Rakete ins All befördert. Dort nutzte die NASA es, um Manöver, wie eine Veränderung der Flugbahn, zu planen und zu testen. Dies war eine wichtige Vorbereitung für das Apollo-Programm, das Astronauten zum Mond brachte.

CHIEN-SHIUNG WU

Chinesisch-Amerikanische Kernphysikerin (1912–1997)

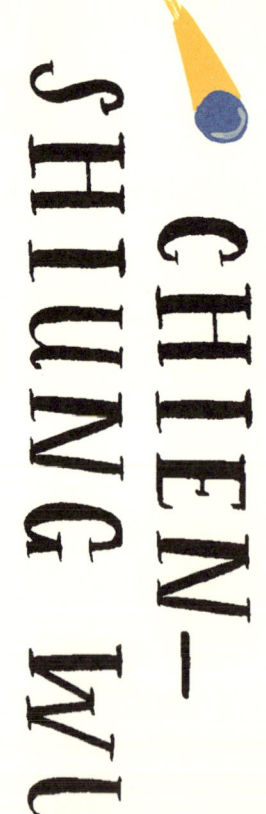

Chien-Shiung Wus Geschichte zeigt, dass es nicht nur unfair ist, Menschen wegen ihres Geschlechts oder ihrer Rasse von der Wissenschaft auszuschließen, sondern es auch erstaunliche Entdeckungen verzögern kann. Wu wuchs in einer kleinen Stadt in China auf. Sie zog in die USA, um ihr Studium der Kernphysik abzuschließen, fand aber als Frau zunächst keine Stelle als Forscherin. Im Zweiten Weltkrieg änderte sich jedoch alles. Wu begann mit der Arbeit am Manhattan-Projekt – einem Projekt zum Bau der ersten Atombombe. Nach dem Krieg blieb sie in den USA und wurde Professorin für Physik an der Columbia Universität. Wu begann mit der Untersuchung radioaktiver Atome, die sich spontan (ohne Hilfe) in Atome eines anderen Elements verwandeln und dabei winzige, sich schnell bewegende Elektronen freisetzen. Diese Art des radioaktiven Zerfalls wird Beta-Zerfall genannt.

> "Es ist eine Schande, dass es so wenig Frauen in der Wissenschaft gibt."

Li → Be + e

Wu und ihr Team untersuchten, was mit einem Lithium-Atom (Li) passiert, wenn es in ein Beryllium-Atom (Be) zerfällt: Ein sich schnell bewegendes Elektron (e) wird freigesetzt.

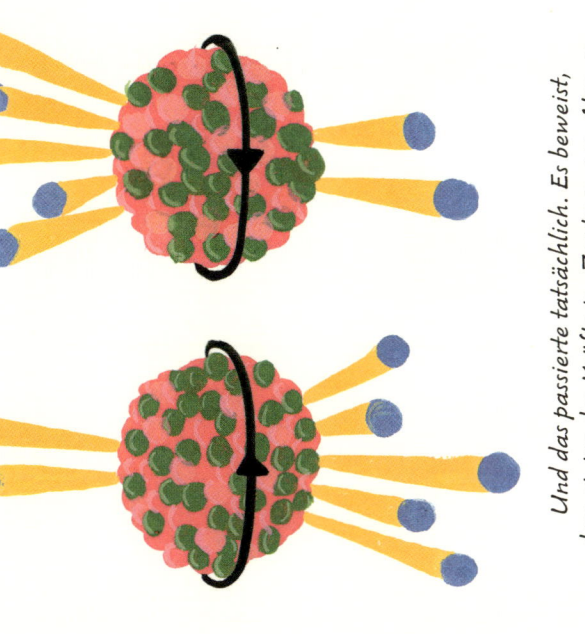
Tsung-Dao Lee
Chen Ning Yang

Zusammenarbeit

Um 1950 baten Tsung-Dao Lee und Chen Ning Yang Wu, ein Experiment zu entwerfen, um ihre neuen Ideen zum Beta-Zerfall zu testen. 1957 erhielten die beiden Männer für ihre Theorie den Nobelpreis für Physik – Wu ging leer aus. Danach begann sie, sich offen über die unfaire Behandlung von Frauen in der Wissenschaft zu äußern.

Das „Wu-Experiment"

Wu war für ihre genialen Experimente bekannt.
Für ihre mit dem Nobelpreis ausgezeichnete Arbeit mit Tsung-Dao Lee und Chen Ning Yang kühlte sie radioaktive Kobaltatome so stark ab, dass sie aufhörten herumzuwackeln und sich ordentlich in einem Magnetfeld aufreihten.

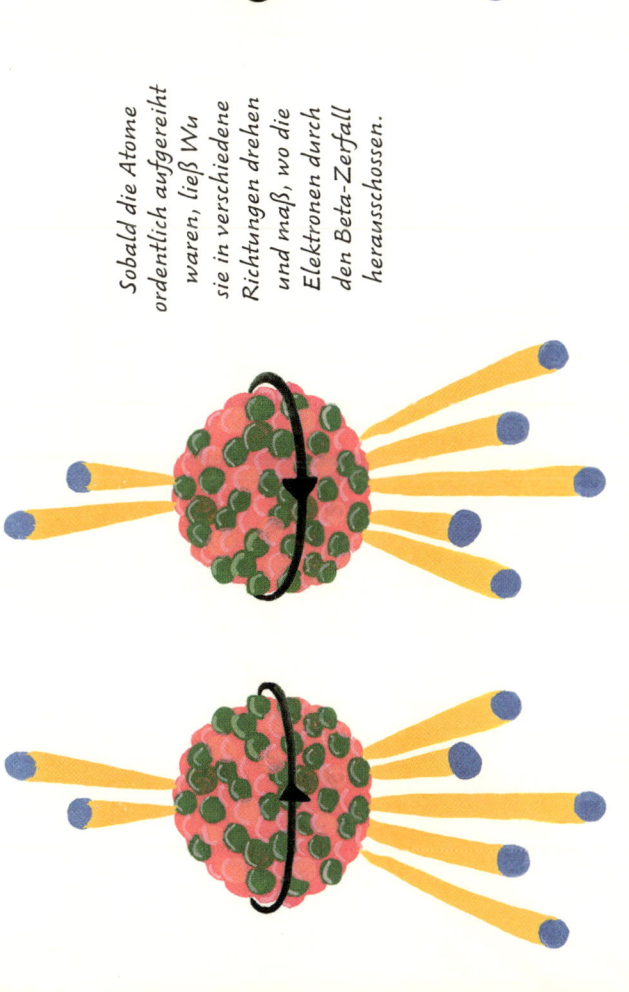

Sobald die Atome ordentlich aufgereiht waren, ließ Wu sie in verschiedene Richtungen drehen und maß, wo die Elektronen durch den Beta-Zerfall heraussschossen.

Vor Wus Experiment dachte man, dass die Atome sich so wie im Bild oben verhalten.

Und das passierte tatsächlich. Es beweist, dass einige der Kräfte im Zentrum von Atomen nicht symmetrisch sind, also jeder Richtung gleich wirken, sondern linksgerichtet sind.

Wu erhielt die Nationale Wissenschaftsmedaille und wurde als erste Frau Präsidentin der Amerikanischen Physikalischen Gesellschaft.

Das „Wu-Experiment" hat die Physik für immer verändert. Es bewies, dass radioaktive Kräfte nicht den Symmetriegesetzen gehorchen, denen alles andere im Universum zu folgen schien. Diese Erkenntnis half uns zu verstehen, wie Teilchen aneinanderhaften können, um Dinge wie Steine, Metalle und sogar Menschen zu bilden!

ALBERT BAEZ

Mexikanischer Physiker und Pädagoge (1912–2007)

Albert Baez wurde in Mexiko geboren, wuchs aber in New York City (USA) auf. Nach dem Studium der Mathematik und Physik erforschte er die Anwendung von Röntgenstrahlen, um damit leistungsfähigere Mikroskope zu bauen.

Normale Mikroskope leiten das von einem Objekt reflektierte Licht durch Glaslinsen. Wenn das Licht auf das Glas trifft, ändert es seine Richtung. Diese Biegung — auch Brechung genannt — lässt das Objekt durch das Glas größer erscheinen. Baez wollte Röntgenstrahlen anstelle von Licht verwenden, aber Röntgenstrahlen werden nicht von Glas gebrochen.

Baez arbeitete mit dem Wissenschaftler Paul Kirkpatrick an einem Entwurf für ein Röntgenmikroskop. 20 Jahre später wurde eine ausreichend starke Röntgenquelle gefunden und das System von Baez und Kirkpatrick konnte endlich verwendet werden.

> „Außergewöhnliche Talente in der Wissenschaft müssen gesucht und gefördert werden, denn sie sind kostbarer als Gold oder Uran."

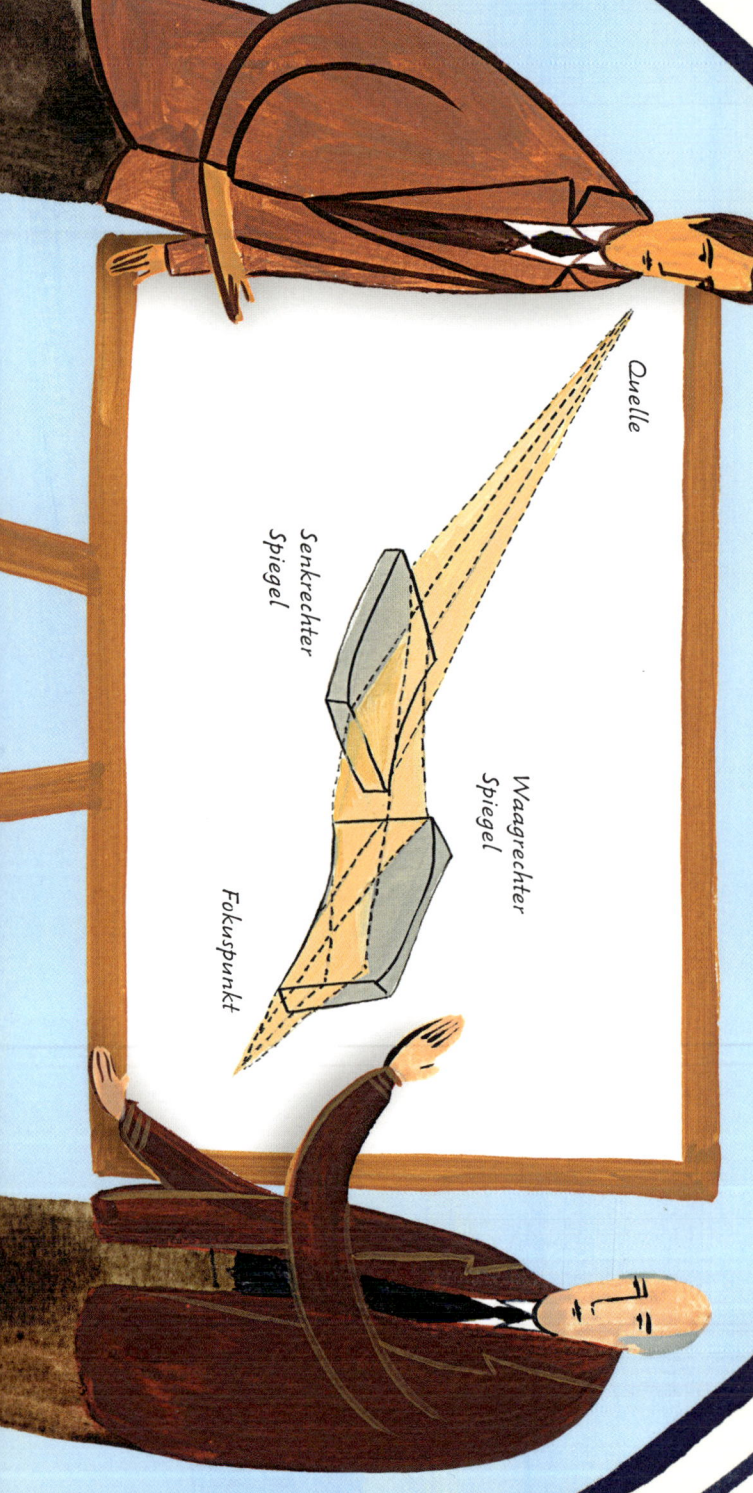

Moderne Mikroskope

Heute wird die von Baez entwickelte Zonenplattenmethode in hochauflösenden Röntgenmikroskopen verwendet. Sie geben uns Einblick ...

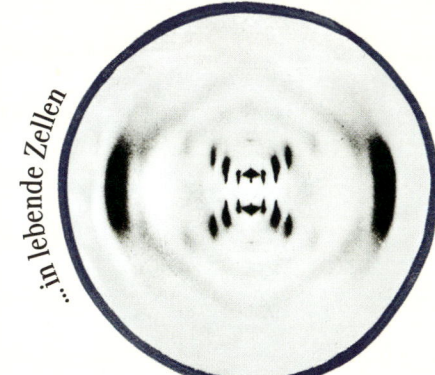

... in lebende Zellen

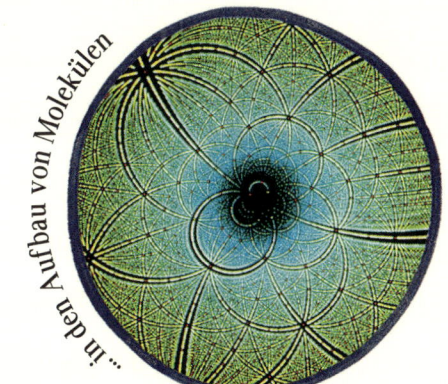

... in den Aufbau von Molekülen

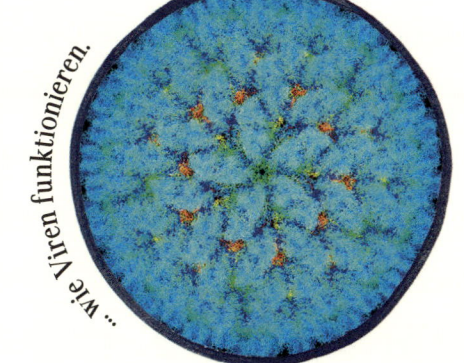

... wie Viren funktionieren.

Zonenplattenmethode

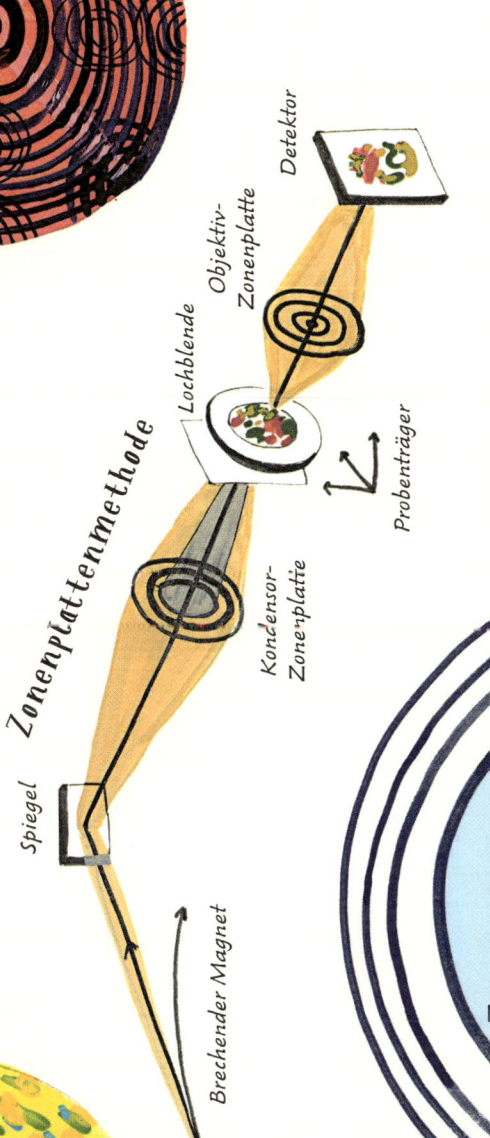

Spiegel · Brechender Magnet · Kondensor-Zonenplatte · Lochblende · Objektiv-Zonenplatte · Probenträger · Detektor

Röntgenblick

Baez half mit, eine Methode zu entwickeln, wie man Röntgenstrahlen mithilfe von Spiegeln auf ein Objekt lenkt. Es dauerte viele Jahre, diese Mikroskope herzustellen, aber die Ergebnisse waren erstaunlich. Ein Röntgenstrahl konnte auf einen Punkt gerichtet werden, der 200-mal schmaler ist als ein menschliches Haar! Dadurch konnten Wissenschaftler viel kleinere Einzelheiten sehen als mit Lichtmikroskopen. Darüber hinaus können Röntgenstrahlen viele Materialien durchdringen, die sichtbares Licht blockieren. Mit Röntgenmikroskopen können Wissenschaftler in lebende Zellen blicken, ohne sie zerstören zu müssen.

Baez glaubte, dass die drei wichtigsten Eigenschaften eines Forschenden Neugier, Kreativität und Mitgefühl seien. Er half, diese Botschaft zu verbreiten, nachdem er seine wissenschaftliche Karriere beendet hatte, und setzte sich für die Verbesserung der naturwissenschaftlichen Ausbildung auf der ganzen Welt ein.

Zonenplatten

Baez arbeitete mit Zonenplatten an einer zweiten Methode zum Bündeln von Röntgenstrahlen. Auf den Platten sind immer kleiner werdende Ringe angebracht. Treffen die Strahlen durch die Platten auf den Detektor, bilden sie Muster, die Informationen über das untersuchte Teilchen liefern.

Die Zonenplattentechnologie wird auch in Teleskopen genutzt. Sie gibt uns eine bessere Sicht auf ferne Galaxien, von denen nur sehr wenig Licht die Erde erreicht.

KATHERINE JOHNSON
Amerikanische Mathematikerin (1918–2020)

Wie sorgt man dafür, dass eine Rakete zur richtigen Zeit die richtige Menge Treibstoff verbrennt, um Astronauten sicher in die Erdumlaufbahn zu bringen? Wie lässt man ein Raumschiff um den Mond kreisen, ohne dass es mit ihm zusammenstößt? Dies waren einige der Fragen, bei deren Beantwortung Katherine Johnson half. Sie hatte ihren ersten Abschluss in Mathematik an der Universität bereits mit 18 Jahren gemacht – in einem Alter, in dem die meisten Leute erst mit dem Studium beginnen. Zu jener Zeit erschwerten Johnson zwei Dinge eine erfolgreiche Karriere: Sie war eine Frau und sie war schwarz. Trotzdem bekam sie 1953 eine Stelle als Mathematikerin bei einer US-Behörde, der späteren NASA (National Aeronautics and Space Administration).

Johnson arbeitete später an Satelliten und am Spaceshuttle-Programm.

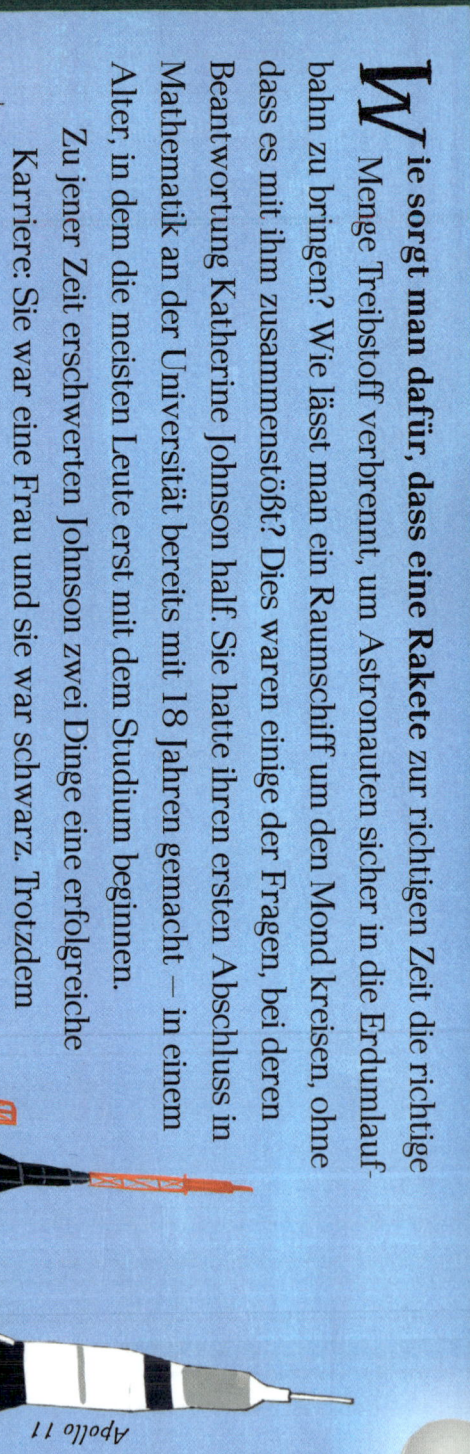

Spaceshuttle

Mercury-Atlas 6

Mercury-Redstone 3

Apollo 11

Apollo 13

Menschliche Computer

Zusammen mit Mary Jackson und Dorothy Vaughan gehörte Johnson bei der NASA zu einer speziellen Gruppe genialer afroamerikanischer Mathematikerinnen. Ihre Berechnungen, die sie nur mit Stift und Papier anstellten, ermöglichten die ersten Weltraummissionen der USA. Später wurde Jackson die erste schwarze Ingenieurin der NASA.

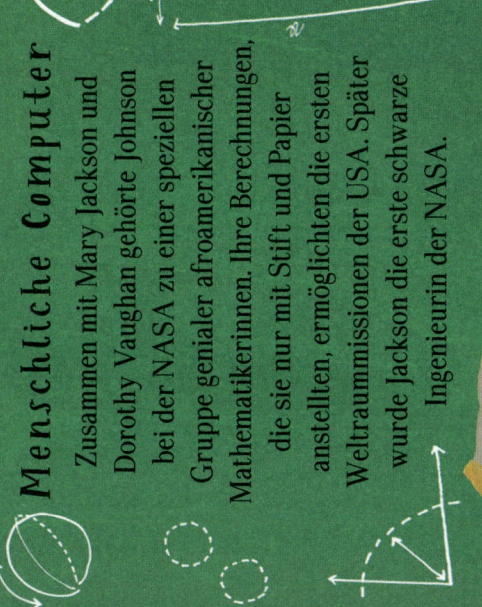

Mary Jackson

Dorothy Vaughan

Der Weg zum Mond

Bei der NASA arbeitete Johnson an schwierigen Projekten, um Raumschiffe in die Erdumlaufbahn zu schießen. Ihre Berechnungen halfen, die ersten amerikanischen Astronauten ins All zu befördern, die ersten Menschen auf den Mond zu senden (und sie wieder herunterzuholen!) und die kaputte *Apollo-13*-Raumsonde sicher zur Erde zurückzubringen. Nach ihrer Pensionierung wurde Johnson vom Präsidenten der USA geehrt. Aber sie sagte, ihre größte Belohnung war die Arbeit selbst – sie liebte es, jeden Tag zur Arbeit zu gehen.

„Sie sagen mir, wann und wo sie möchten, dass sie herunterkommt, und ich werde Ihnen sagen, wo und wann Sie die Rakete starten sollen."

NEUE MATERIALIEN

Materialwissenschaftler sind Entdecker und Erfinderinnen. Sie entwickeln Materialien, die dazu beitragen, schnellere und umweltfreundlichere Fahrzeuge, langlebigere Batterien und fortschrittlichere Computer herzustellen. Hier sind einige weltverändernde Materialien und die Probleme, die sie lösen – oder verursachen können.

Nanomaterial

Etwas extrem Kleines, wie zum Beispiel ein Atom, wird als „Nano" bezeichnet. Graphen ist nur ein Atom dick, aber unglaublich stark. Es ist nicht nur das leichteste bekannte Nanomaterial, sondern auch der beste Stromleiter.

Struktur von Graphen

Dieses Kleid besteht aus Graphen. Normalerweise werden Nanomaterialien jedoch nur für sehr kleine Teile im Inneren von Objekten verwendet.

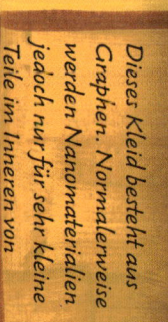

Seltene Metalle

Metalle der „Seltenen Erden" wurden schon vor Hunderten von Jahren entdeckt, aber noch heute stellt man daraus neue Materialien her, wie etwa Neodym-Magneten, die unsere Mobiltelefone zum Vibrieren bringen.

Knallharte Keramik

Teller und Tassen bestehen oft aus Keramik. Doch der Werkstoff Keramik kann viel mehr, denn er gehört zu den härtesten Materialien der Welt. Technische Keramik hält Temperaturen aus, bei denen Diamanten schmelzen würden! Deshalb werden daraus oft Maschinenteile hergestellt, die extrem widerstandsfähig sein müssen.

Starke Kombination

Verbundwerkstoffe vereinen zwei oder mehrere Materialien mit unterschiedlichen Eigenschaften. Zum Beispiel können ein leichtes Material und ein starkes Material einen starken, aber leichten Verbundstoff ergeben.

Starkes, leichtes Karbon (Kunststoff und Kohlenstoff) eignet sich sehr gut für Tennisschläger.

Für synthetischen Gummi, aus dem zum Beispiel Reifen hergestellt werden, werden unterschiedliche Materialien miteinander kombiniert.

Formbare Laminatverpackungen werden aus Schichten von Kunststoff, Papier und Metall hergestellt.

Natur als Vorbild

Forschende versuchen, natürliche Funktionen zu kopieren, die Lebewesen helfen, Probleme zu lösen, wie zum Beispiel die klebrigen Füße, mit denen Eidechsen Wände hochklettern können, und die Art und Weise, wie Pflanzen die Energie der Sonne aufnehmen.

Der Klettverschluss ist der Klette nachempfunden, die sich mit winzigen Häkchen an weichem Material festhält.

Klettbänder werden heute für viele verschiedene Dinge verwendet, etwa als Verschluss für Schuhe bis hin zum Befestigen von Gegenständen in der Internationalen Raumstation!

Planet in Gefahr

Materialwissenschaftler müssen vorausschauend handeln. Die Entnahme von Elementen wie Seltenen Erden aus dem Boden oder dem Meer kann die Umwelt schädigen. Andere Materialien, die am Ende wieder im Boden, in der Luft oder im Wasser landen, können Wildtieren schaden.

Problemlöser

Neue Materialien können Probleme lösen. Plastik ist billig, leicht und stark. Der Kunststoff zersetzt sich jedoch nur langsam, sodass sich immer mehr Plastikmüll anhäuft. Forschende versuchen, Kunststoffarten zu entwickeln, die sich leichter wiederverwenden und recyceln lassen.

GLADYS WEST
Amerikanische Mathematikerin (geb. 1930)

Computer können schwierige Berechnungen mit riesigen Datenmengen anstellen, aber nur, wenn ihnen jemand gesagt hat, was sie tun sollen! Um 1960 stellte die US-Marine mehrere geniale Mathematikerinnen ein, darunter Gladys West, um einige der ersten Computer zu programmieren. West schrieb Programme, die Computern beibrachten, Zahlen zu berechnen und halfen, alle möglichen Dinge zu verstehen, einschließlich der seltsamen Bahnen von Neptun und Pluto um die Sonne. Aber ihr bekanntestes Projekt konzentrierte sich auf unseren eigenen Planeten. Die US-Marine wollte Satelliten in eine Umlaufbahn um die Erde bringen, um Schiffen dabei zu helfen, sich auf See zurechtzufinden. Dazu mussten sie genau wissen, wie weit die Satelliten vom Boden entfernt waren.

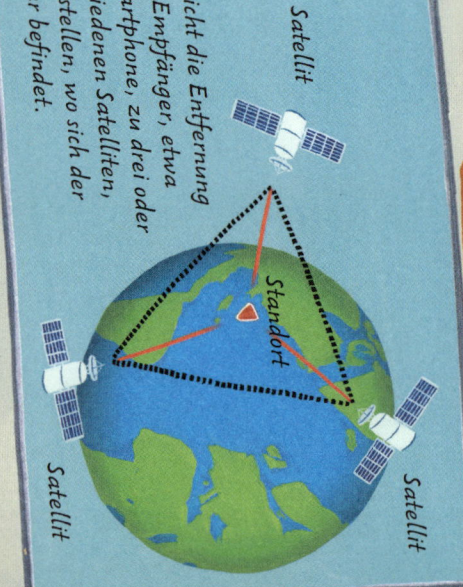

GPS vergleicht die Entfernung von einem Empfänger, etwa einem Smartphone, zu drei oder vier verschiedenen Satelliten, um festzustellen, wo sich der Empfänger befindet.

Moderne Geräte verlassen sich auf das Globale Positionsbestimmungssystem (GPS), das durch Wests Arbeit ermöglicht wurde.

Schwierige Messung

Das Problem ist, dass die Erde eine sehr unebene Oberfläche hat und keine perfekte Kugel ist. Von welchem Punkt auf der Erde gehen wir aus, wenn wir die Höhe eines Satelliten am Himmel messen wollen? Ist es die Spitze des höchsten Bergs oder der Grund des tiefsten Ozeans? Wo messen wir die Höhe über dem Meeresspiegel, wenn dieser durch die Gezeiten ständig steigt und fällt?

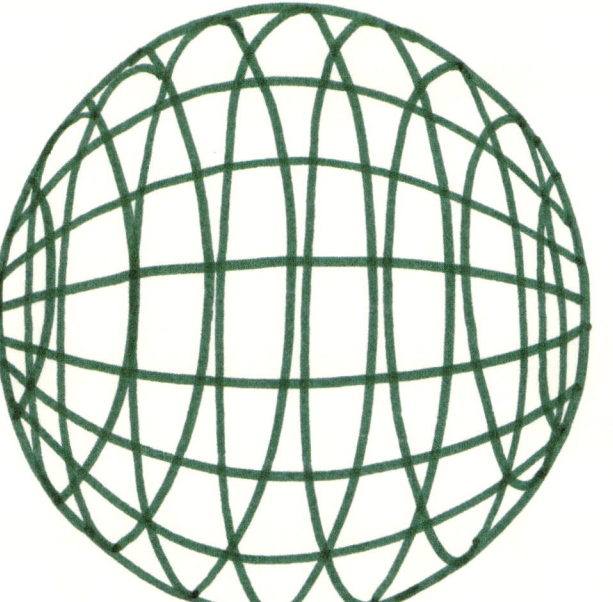

Ein Ellipsoid ist ein mathematisches Modell der Erde, das Höhenänderungen (Höhe über dem Meeresspiegel), Schwerkraft und Gezeiten berücksichtigt und einfach und leicht zu verwenden ist.

West half, das Problem zu lösen. Sie schrieb ein Computerprogramm, wie man die schiefe Form der Erde als einfaches mathematisches Modell, das sogenannte Ellipsoid, darstellt. Mithilfe von Ellipsoiden können Computer leicht die Position von Dingen auf der Erdoberfläche berechnen und so funktioniert heute auch GPS.

GPS verwendet ein Netzwerk aus 24 Satelliten, von denen jeder gleichzeitig Signale aussendet. Die Zeit, die ein Signal benötigt, um dein Gerät zu erreichen, sagt dem GPS, wie weit du von diesem Satelliten entfernt bist.

Das Geoid

Für ihre Arbeit musste West die unregelmäßige Form der Erde, das sogenannte Geoid, kennen. Sie nutzte Daten von Satelliten, um sich ein genaues Bild davon zu machen.

SAU LAN WU
chinesisch-amerikanische Physikerin (geb. um 1940)

Sau Lan Wu sagt, dass man niemals aufgeben sollte, wenn etwas im Leben nicht funktioniert. Mach einfach weiter und eine andere Gelegenheit wird kommen und dich überraschen. So geschah es bei Wu immer wieder. Sie begann ihr Leben in Armut und schlief hinter einem Laden in einer sehr armen Gegend von Hongkong (China). Nach dem Abitur bewarb sie sich an 50 amerikanischen Universitäten für ein Physikstudium. Nur eine bot ihr einen Platz an — aber das war alles, was Wu brauchte, um Physikerin zu werden!

„Es lohnt sich immer, nach neuen Ideen zu suchen, auch wenn es nicht einfach ist."

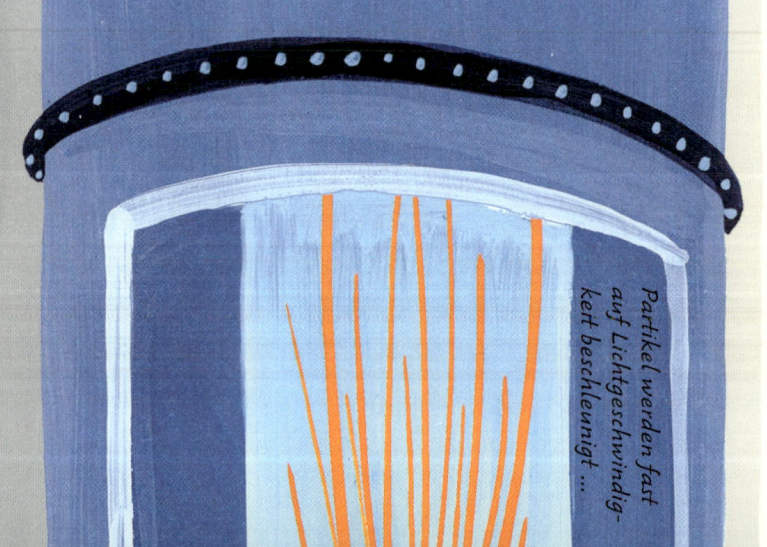

Teilchenbeschleuniger

Die Teilchen, aus denen Atome bestehen, sind für uns unsichtbar. Physiker lassen daher größere Teilchen in einem Beschleuniger zusammenstoßen und erforschen, was dabei passiert.

Partikel werden fast auf Lichtgeschwindigkeit beschleunigt ...

Die kleinsten Partikel

Wu wollte mehr über die Bausteine des Universums herausfinden. Zuerst dachte man, Atome seien die Teilchen – auch Partikel genannt –, aus denen alles besteht. Dann entdeckten Wissenschaftler, dass Atome aus kleineren Partikeln bestehen, den Protonen, Neutronen und Elektronen. Als Wu ihre Forschung begann, wurde klar, dass sich darin noch kleinere Teilchen befanden. Wu half, zwei davon zu entdecken – das J/psi-Partikel und das Gluon.

Es gibt verschiedene Teilchen – Leptonen, Quarks, Fermionen und Bosonen.

Gluonen helfen, Quarks zu größeren Teilchen zusammenzuhalten.

Ohne das Higgs-Boson würden andere Teilchen mit Lichtgeschwindigkeit überall herumflitzen!

Wu half beim Aufbau des Standardmodells der Elementarteilchen, aus denen alles besteht, und der Kräfte, die sie zusammenhalten.

Der Large Hadron Collider in Genf (Schweiz) ist der größte Teilchenbeschleuniger der Welt. Er ist 27 km lang und hat die Form eines riesigen Rings.

Dabei entstehen andere Teilchen, zum Beispiel Higgs-Bosonen, aber nur für einen ganz kurzen Moment.

... und stoßen zusammen!

Wu gehörte zu einem riesigen Team aus Forschenden, das über 30 Jahre lang nach dem letzten Teil des Standardmodells suchte. 2012 entdeckten sie endlich durch Experimente im Teilchenbeschleuniger Large Hadron Collider das Higgs-Boson. Wu forscht noch, aber sie hat inzwischen auch eine andere große Aufgabe. Sie lehrt Physikstudenten, in ihre Fußstapfen zu treten, damit sie später ebenfalls weltverändernde Entdeckungen machen können.

Das J/psi-Teilchen besteht aus kleineren Partikeln, die im Standardmodell enthalten sind. Es war ein Beweis für Quarks, die Bausteine von Protonen, Neutronen und Elektronen.

FRANCISCA NNEKA OKEKE

Nigerianische Physikerin (geb. 1956)

Nach ihrem Schulabschluss arbeitete Okeke als Vertretungslehrerin, die einsprang, wenn andere Lehrer krank wurden. Okeke gefiel es so gut, physikalische Probleme zu lösen, dass sie sich entschied, Physik zu studieren. Dieses Studienfach war damals bei Frauen nicht sehr beliebt, aber Okeke trug dazu bei, das zu ändern.

Okeke leitete als erste Frau die Physikabteilung der Universität von Nigeria und betreute dort junge Forschende. Sie zeigte ihnen, dass Physik kein schwieriges Fach ist, sondern eine unterhaltsame und praktische Möglichkeit, Antworten auf interessante Fragen zu finden.

Als Kind war Okeke fasziniert von dem sich ständig verändernden Himmel. Warum war er manchmal weiß und manchmal blau? Wie blieben Flugzeuge in der Luft? Okeke stellte viele Fragen und fand die Antworten oft in den Naturwissenschaften und in der Mathematik.

Geheimnisse des Himmels

Die Fragen, die Okeke beantworten möchte, konzentrieren sich auf die seltsamen Ereignisse hoch in der Erdatmosphäre und tief unter der Erdoberfläche im Erdmantel und Erdkern. Diese Schichten unseres Planeten sind für uns unsichtbar, aber Physiker sammeln Daten und versuchen, Muster zu erkennen, um zu verstehen, was vor sich geht. Okeke interessiert sich vor allem für einen bestimmten Bereich der Atmosphäre, die Ionosphäre. Ihre Arbeit hat mehr darüber enthüllt, wie sich das Klima der Erde im Lauf der Zeit verändert und wie sich die Dinge, die wir Menschen tun, darauf auswirken.

Ionosphäre

Die Ionosphäre ist eine dicke Luftschicht, 50 bis 1000 Kilometer über dem Boden. Sie ist wichtig, weil sie die Funksignale weiterleitet, die unsere Kommunikations- und Navigationssysteme aussenden.

Der äquatoriale Elektrojet ist ein starker elektrischer Strom hoch über der Erde in der Ionosphäre. Er wird durch die Sonnenaktivität verursacht.

Äquatorialer Elektrojet

Der Sonnenwind ist ein Strom elektrisch geladener Teilchen, den die Sonne ständig aussendet. Okeke untersucht, wie sich der Sonnenwind auf den äquatorialen Elektrojet auswirkt.

ERDE UND STERNE

Erd- und **Weltraumwissenschaftler** untersuchen Veränderungen, die Milliarden von Jahren dauern, sehr viel länger als wir Menschen leben. Dazu gehen sie Hinweisen nach, die sie von alten Steinen und fernen Sternen erhalten. Sie tun dies, um die seltsamen Strukturen des Universums und unseres Planeten besser zu verstehen.

AGLAONIKE VON THESSALIEN

Griechische Astronomin (um 2. Jh. v. Chr.)

Über Aglaonike von Thessalien ist nur wenig bekannt, aber Forscher glauben, dass sie eine der ersten Astronomen war – das sind Wissenschaftler, die die Sterne und Planeten am Himmel beobachten. Aglaonike lebte vor etwa 2000 Jahren in Thessalien, im alten Griechenland. Sie muss damals sehr berühmt gewesen sein, denn sie wird in einem Buch erwähnt, das mehr als 100 Jahre nach ihrem Leben geschrieben wurde. Der Autor Plutarch sagt, dass Aglaonike Mondfinsternisse vorhersagen konnte. Sie erzählte anderen Menschen jedoch nicht, dass sie ihre Vorhersagen wissenschaftlich berechnete.

Plutarch schreibt, Aglaonike ließ die Leute glauben, dass sie den Mond vom Himmel herabziehen konnte! In der damaligen Zeit machte das vielen Menschen Angst. Sie verbanden den Mond mit seltsamen Ereignissen und Fabelwesen wie Werwölfen.

Ein anderer Begriff für Finsternis ist Eklipse. Er kommt von dem griechischen Wort ekleipō, was verschwinden oder verdecken bedeutet.

Bei einer Mondfinsternis ändert der Vollmond seine Farbe, wenn er sich in den Erdschatten hinein und aus ihm heraus bewegt.

Ein Krater auf der Venus ist nach Aglaonike benannt.

Natürliche Ordnung

Natürlich hatte Aglaonike keine magischen Kräfte. Genau wie heutige Wissenschaftler hatte sie gelernt, dass die Natur nicht so chaotisch ist, wie sie scheint. Aglaonike sah eine Ordnung in den Dingen – die Bewegungen von Sonne, Mond, Sternen und Planeten folgen bestimmten Regeln, die sie vorhersehbar machen.

Die alten Griechen entwickelten sogar ein Gerät, den sogenannten Antikythera-Mechanismus, um die Position von Himmelskörpern viele Jahre im Voraus zu berechnen. Geräte wie dieses haben Aglaonike möglicherweise geholfen, Mondfinsternisse vorherzusagen.

Ein griechisches Sprichwort lautet: „Ja, wie der Mond Aglaonike gehorcht". Es bedeutet so viel wie „Das ist sicher!"

Mondfinsternis

Eine totale Mondfinsternis tritt auf, wenn Sonne, Erde und Mond direkt hintereinander stehen, mit der Erde in der Mitte. Unser Planet hält den größten Teil des Sonnenlichts davon ab, zum Mond zu gelangen. Das wenige Licht, das durch dringt, lässt den Mond rot oder orange erscheinen.

Sonne · Erde · Mond

SHEN KUO
chinesischer Astronom und Mathematiker (1031–1095)

Spezialgebiete der Wissenschaft — wie Geologie, Zoologie und Paläontologie — sind eine neuere Erfindung. Vor tausend Jahren haben große Denker das Wissen nicht auf diese Weise aufgeteilt. Sie studierten alles, was sie interessierte — und Shen Kuo interessierte sich für alles!

Kuo arbeitete zunächst für die chinesische Regierung und meisterte jede Aufgabe, die ihm gestellt wurde, hervorragend. Nachdem er beispielsweise ein technisches Problem beim Ausbaggern eines Kanals gelöst hatte, entdeckte er, dass der Schlamm, der dabei entfernt wurde, zum Düngen der Feldfrüchte verwendet werden konnte. Die Regierung war von Shens Arbeit beeindruckt und gab ihm immer wichtigere Aufgaben.

Kuo erwähnt in seinen Büchern zum ersten Mal Magnetkompasse. Er schreibt, dass sie nicht auf einen festen Punkt im Norden zeigen, sondern auf einen magnetischen Nordpol.

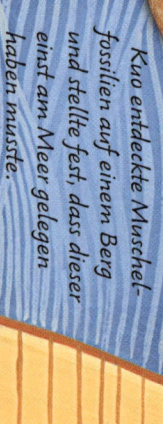

Kuo entdeckte Muschelfossilien auf einem Berg und stellte fest, dass dieser einst am Meer gelegen haben musste.

Kuo träumte einmal von einem wunderschönen Hügel — und erschrak, als er ihn im wirklichen Leben fand! Er baute dort ein Haus und nannte es Traumbach.

Zeit zum Nachdenken

Kuo war hervorragend darin, Probleme zu lösen, aber das ging nicht immer gut. Er war inzwischen zum Militärführer aufgestiegen, doch nach einer Schlacht gab man ihm die Schuld dafür, dass 60 000 Soldaten vom Feind getötet wurden. Dafür wurde er aus dem Regierungszentrum geworfen und in sein Haus auf dem Land verbannt.

Für einen Denker wie Kuo war dies ein Glück, denn nun konnte er alle seine wissenschaftlichen Ideen über die Welt aufschreiben. Sein Buch Mengxi bitan (Pinselunterhaltungen am Traumbach) enthält Aufsätze über Dutzende verschiedener Bereiche der Natur – von den Sternen bis zu den Felsen, Tieren und Pflanzen, die er auf seinen Reisen gesehen hatte. Viele von Kuos Ideen waren dem Rest der Welt Jahrhunderte voraus. Er schrieb zum Beispiel über seine Sorge, dass die Umwelt geschädigt werde, wenn die Wälder gerodet werden, um Brennholz zu gewinnen. Er erwähnt in seinem Buch auch zum ersten Mal, dass sich das Klima der Erde im Lauf der Zeit ändert.

Brettspiel-Meister

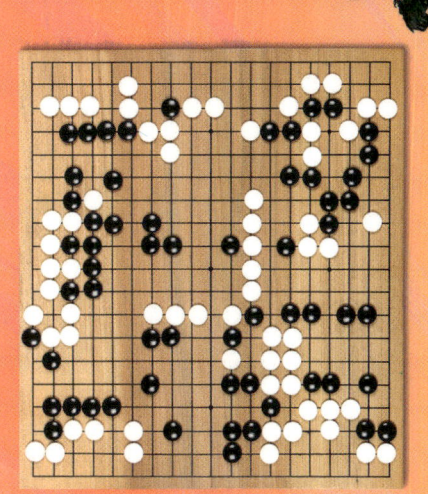

Der Mathe-Experte Kuo fand heraus, wie viele Positionen in einem alten Brettspiel namens Go möglich sind. Er kam bei 10^{172} an, das ist eine 10 mit 171 Nullen danach! Niemand hatte jemals zuvor eine so große Zahl berechnet!

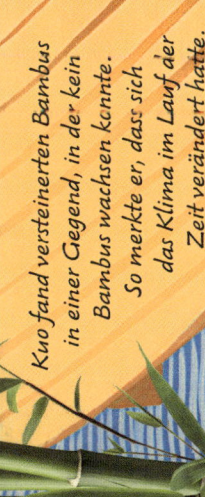

Kuo fand versteinerten Bambus in einer Gegend, in der kein Bambus wachsen konnte. So merkte er, dass sich das Klima im Lauf der Zeit verändert hatte.

NASIR AL-DIN AL-TUSI

Persischer Philosoph, Astronom und Mathematiker (1201–1274)

Hunderte von Jahren vor Albert Einstein gab es in der islamischen Welt schon einen Namen, von dem alle wussten, dass er für Genie stand – al-Tusi. Als Nasir al-Din al-Tusi noch ein Junge war, starb sein Vater. Sein letzter Wunsch war, dass Nasir fleißig lernte. Nasir studierte daraufhin alle möglichen Fächer, von Mathematik und Physik bis hin zu Philosophie und Medizin. Er war in allem der Klassenbeste! Sein breites Wissen machte ihn zu einer wichtigen Person der Gesellschaft, an die man sich noch viele Jahrhunderte später erinnert.

Al-Tusi studierte alte Texte und Ideen — wie die der alten Griechen — und verbesserte sie.

Al-Tusis sorgfältige Messungen halfen ihm, die kreisförmigen Bewegungen der Planeten am Nachthimmel genau zu beschreiben.

Eine Bibliothek voller Ideen

Um 1220 drangen mongolische Truppen in das Heimatland von Al-Tusi ein, angeführt von ihrem rücksichtslosen Herrscher Dschingis Khan. Al-Tusi fand Schutz in der Festung Alamut im heutigen Iran. Es gefiel ihm dort, weil es eine große Bibliothek gab, in der er lesen konnte. Als die Mongolen Alamut 1256 zerstörten, ernannten sie Al-Tusi zu ihrem wissenschaftlichen Berater. Er überredete Dschingis Khans Enkel Hulagu, ein riesiges Observatorium – einen Ort, an dem die Astronomen den Weltraum studieren – im heutigen Aserbaidschan zu bauen.

Persische und chinesische Astronomen entwickelten und betrieben gemeinsam Instrumente zur Messung der Bewegungen von Planeten und Sternen. Das Observatorium wurde zu einem wichtigen Lernzentrum und erhielt ebenfalls eine fantastische Bibliothek.

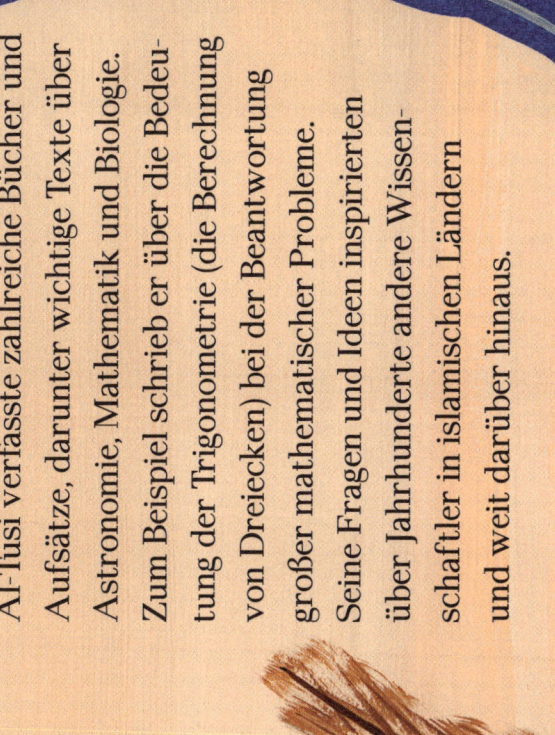

Dschingis Khan

In der Festung Alamut schrieb Al-Tusi über viele Themen, darunter auch über Ethik – das Studium darüber, was richtig und was falsch ist.

Al-Tusi verfasste zahlreiche Bücher und Aufsätze, darunter wichtige Texte über Astronomie, Mathematik und Biologie. Zum Beispiel schrieb er über die Bedeutung der Trigonometrie (die Berechnung von Dreiecken) bei der Beantwortung großer mathematischer Probleme. Seine Fragen und Ideen inspirierten über Jahrhunderte andere Wissenschaftler in islamischen Ländern und weit darüber hinaus.

Anpassung der Tierwelt

Al-Tusi entwickelte eine Theorie, um zu erklären, wie sich Tiere im Lauf der Zeit anpassen und verändern. Zu den von ihm beschriebenen Anpassungen gehören die langen Hörner der persischen Gazelle und die scharfen Krallen eines Falken.

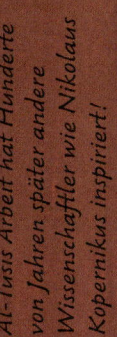

Al-Tusis Arbeit hat Hunderte von Jahren später andere Wissenschaftler wie Nikolaus Kopernikus inspiriert!

NIKOLAUS KOPERNIKUS
Polnischer Astronom (1473–1543)

Nikolaus Kopernikus sollte wie sein Onkel Priester werden, aber er war fasziniert von den Bewegungen der Sterne und Planeten. Lange zuvor hatten griechische Astronomen entschieden, dass Sonne, Mond und alle Himmelskörper die Erde umkreisen oder sich um sie herumbewegen. Sie glaubten, dass sich unser Planet in der Mitte des Universums befindet.

Dieses sogenannte geozentrische Weltbild blieb über Tausende von Jahren bestehen. Auch Kopernikus wurde es so beigebracht. Als er jedoch den Himmel beobachtete, kam ihm der Gedanke, dass da oben etwas ganz anderes vor sich ging.

In dieser Abbildung eines geozentrischen Weltbilds sind Sonne, Mond und Planeten als Kugeln dargestellt und die Sterne als Symbole.

In alten Weltbildern werden die Konstellationen (Sterngruppen) so dargestellt, wie sie aussehen, etwa wie Tiere. Sie erhielten auch deren lateinische Namen.

Kopernikus schrieb ein Buch über seine Ideen. Es verkaufte sich anfangs nicht sehr gut!

Das Element Copernicium erhielt seinen Namen zu Ehren von Kopernikus.

„In der Mitte von allen Planeten aber hat die Sonne ihren Sitz."

Vorbildlicher Astronom

Kopernikus stellte fest, dass die Erde nur ein weiterer Planet ist, der die Sonne umkreist. Er schuf ein neues Modell des Universums, das sogenannte heliozentrische Weltbild. Es ordnet alle Planeten in der richtigen Reihenfolge an und erklärt sogar die Jahreszeiten – auf ihrer Umlaufbahn strahlt die Sonne mal mehr und mal weniger stark auf die Erde, was warme und kühle Jahreszeiten verursacht. Kopernikus hat bei seinem Weltbild ein paar Fehler gemacht. Zum Beispiel glaubte er, dass die Sterne die Sonne umkreisen, wie die Planeten. Aber er hat dazu beigetragen, die Astronomie zu einer richtigen Wissenschaft zu machen, in der Menschen alte Vorstellungen infrage stellen.

Ist dir aufgefallen, dass Uranus und Neptun im Weltbild von Kopernikus fehlen? Sie waren damals noch nicht entdeckt worden!

ANDRIJA MOHOROVIČIĆ
Kroatischer Geophysiker (1857–1936)

Als Kind trainierte Mohorovičić sein geniales Gehirn, indem er Sprachen lernte. Mit 15 Jahren beherrschte er vier Sprachen und lernte später vier weitere! An der Universität studierte er Mathematik und Physik und wurde später Leiter des wichtigsten Observatoriums in der kroatischen Hauptstadt Zagreb.

Mohorovičić beschloss, am Observatorium Seismografen zu installieren – Instrumente, die durch Erdbeben verursachte Schwingungen erfassen. Als am 8. Oktober 1909 ein großes Erdbeben das kroatische Kupa-Tal erschütterte, nur 39 Kilometer vom Zagreber Observatorium entfernt, fiel Mohorovičić an den Messwerten der Seismografen etwas Seltsames auf.

Etwa ein Jahr nachdem Mohorovičić die Seismografen installiert hatte, erschütterte ein Erdbeben das nahe gelegene Kupa-Tal.

Mohorovičić entwickelte eine Methode, um das Epizentrum zu finden – die Stelle, an der das Erdbeben beginnt.

Mohorovičić entdeckte, dass es tief in der Erde

Moho-Grenze

Erdmantel

Erdkruste

Wenn die Erde bebt

Einige der Erschütterungen waren viel früher als erwartet in Zagreb angekommen. Irgendwie hatten sie sich beschleunigt, als sie tief unter der Erde unterwegs waren! Mohorovičić erkannte, dass die Erschütterungen durch sehr unterschiedliche Gesteinsarten gewandert sein mussten – eine äußere Schicht (heute Kruste genannt) und eine innere Schicht, in der sich Wellen viel schneller ausbreiten konnten (heute Mantel genannt). Mohorovičić schätzte, dass die Erdkruste etwa 50 Kilometer dick ist. Heutige Instrumente zeigen, dass die Grenze zwischen Kruste und Mantel etwa 35 km unter der Erde liegt. Sie wurde die Mohorovičić-Grenze oder kurz „Moho" genannt, da sich durch Mohorovičićs Arbeit unser Verständnis von der Erde vollständig verändert hat.

Meteorologie

Zu Beginn seiner beruflichen Laufbahn unterrichtete Mohorovičić Wetter- und Meereskunde in einer Schule für Seeleute. Dort richtete er auch seine erste Wetterstation ein.

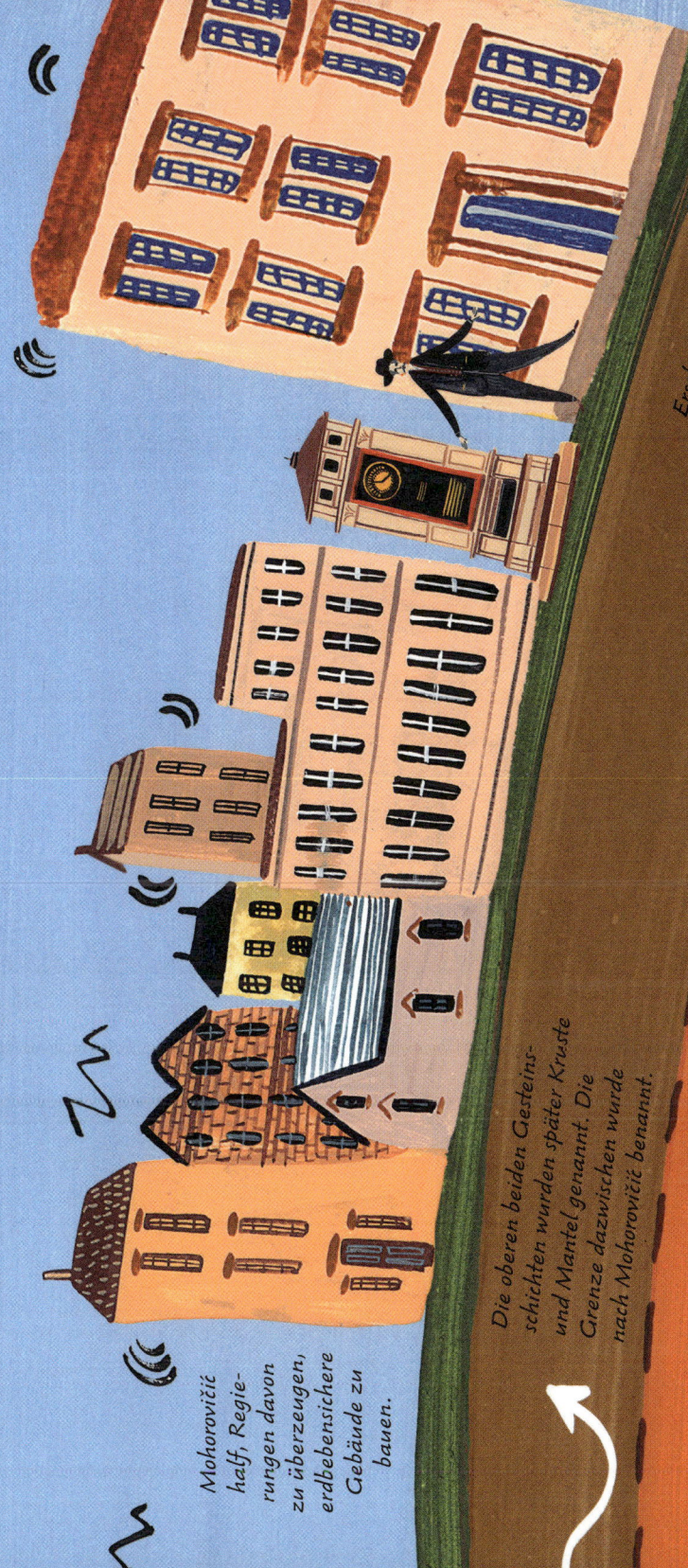

Mohorovičić half, Regierungen davon zu überzeugen, erdbebensichere Gebäude zu bauen.

Die oberen beiden Gesteinsschichten wurden später Kruste und Mantel genannt. Die Grenze dazwischen wurde nach Mohorovičić benannt.

Erschütterungen, die durch den Mantel wanderten, erreichten Zagreb zuerst.

verschiedene Gesteinsschichten gibt.

ALFRED WEGENER
Deutscher Meteorologe, Geophysiker & Polarforscher (1880-1930)

Alfred Wegener begann seine wissenschaftliche Laufbahn als Astronom, doch bald interessierte ihn unser Planet mehr als die Sterne im Weltall.

Wegener wurde Professor für Geowissenschaften und versuchte, unseren Planeten von innen und außen zu verstehen. Eines der seltsamsten Dinge, die er bemerkte, war, dass die Küsten von Nordamerika und Südamerika mit den Küsten Europas und Afrikas fast so gut übereinstimmten wie Teile eines riesigen Puzzles. Wegener war auch erstaunt, als er erfuhr, dass Fossilien ähnlicher Tiere auf beiden Seiten des riesigen Atlantischen Ozeans gefunden worden waren. Andere Wissenschaftler dachten, dass Tiere in der Urzeit „Landbrücken" überquert hatten, welche die Kontinente einst miteinander verbanden. Aber Wegener hatte eine Theorie – nicht die Tiere hatten sich bewegt, sondern die Kontinente selbst!

Fossilien des Mesosaurus, einem alten Reptil, wurden weit voneinander entfernt gefunden – sowohl im südlichen Afrika als auch in Südamerika.

NORD-AMERIKA

Atlantischer Ozean

SÜD-AMERIKA

Vor 200 Millionen Jahren

Vor 270 Millionen Jahren

Kontinentalverschiebung

Auf der Erde gab es einst nur eine riesige Landmasse, die Wegener Pangäa nannte (was „alle Länder" bedeutet). Im Lauf der Zeit zerfiel Pangäa in mehrere Teile. Diese entfernten sich voneinander und wurden zu den Kontinenten, auf denen wir heute leben.

Beweise für Pangäa

Wegener sammelte viele Beweise für seine Theorie. Er zeigte anhand von Fossilien und Gesteinen, dass Teile der Welt einst ein völlig anderes Klima hatten als heute, weil die Kontinente früher an unterschiedlichen Orten lagen. Eines konnte sich Wegener jedoch nicht erklären – wie konnte sich etwas so Großes wie ein Kontinent bewegen?

Leider nahmen nur wenige Menschen Wegeners Idee zu seinen Lebzeiten ernst. Aber als 20 Jahre nach seinem Tod die Technik so weit fortgeschritten war, dass wir die tiefsten Ozeane erkunden konnten, wurden Beweise dafür gefunden, dass die Erdkruste in riesige Stücke, sogenannte tektonische Platten, gespalten ist. Diese bewegen sich langsam und nehmen die Kontinente mit sich – genau wie Wegener sagte!

Wegener liebte das Abenteuer. Er brach sogar einen Weltrekord, indem er 52 Stunden lang in einem Heißluftballon flog!

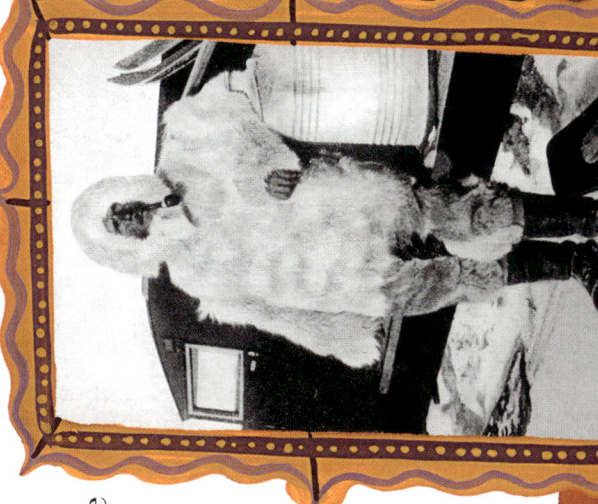

Wegener starb, als er auf einer Rettungsmission durch Grönland wanderte.

EUROPA

AFRIKA

Wegener bemerkte, dass die Formen der Küsten von Südamerika und Afrika ziemlich gut zusammenpassten.

UNSICHTBARES SEHEN

Instrumente helfen uns Menschen, Informationen über Dinge zu sammeln, die wir nicht sehen, hören, riechen, schmecken oder fühlen können. Dank dieser Werkzeuge und Techniken können wir tief in den Weltraum blicken. Wir können winzigste Partikel betrachten und sogar in die Vergangenheit zurückschauen!

Radar

Radarsysteme senden Funkwellen aus, die an Objekten abprallen. So können sie Form, Geschwindigkeit und Bewegungsrichtung des Objekts erfassen. Diese riesige Schüssel ist Teil eines Radarsystems, welches das Wetter in der Erdatmosphäre überwacht.

Magnetfeld

Geophysiker verwenden Instrumente, um das Magnetfeld der Erde zu messen. Das Magnetfeld hilft uns dabei, den Kurs für Schiffe und Flugzeuge zu bestimmen, Karten zu erstellen und Mineralien tief unter der Erde zu entdecken.

Sonnensonde

Raumsonden enthalten viele Instrumente, um Orte zu erkunden, die wir nicht selbst besuchen können. Diese Rakete schickte die Sonnensonde Parker Solar Probe tief in die glühend heiße Atmosphäre der Sonne.

Eisbohrkern

Die tiefsten Eisschichten, die die Antarktis und Grönland bedecken, sind Hunderttausende von Jahren alt. Wissenschaftler holen mit Bohrern Eis aus der Tiefe. An den im Eis eingeschlossenen Luftblasen können sie sehen, wie das Klima in der Vergangenheit war.

Landesonde Chang'e 4

Landesonde

Landesonden sind Roboter, die auf der Oberfläche von Planeten, Monden, Asteroiden und Kometen landen. Sie sind vollgepackt mit wissenschaftlichen Instrumenten. Diese chinesische Landesonde landete 2019 auf dem Mond.

Weltraumteleskop

Teleskope, die sich in einer Umlaufbahn um die Erde befinden, haben eine bessere Sicht auf den Weltraum. Licht und andere Strahlung, die sie sammeln, müssen nicht zuerst die Erdatmosphäre durchqueren.

Weltraumteleskop James Webb

Was können wir nicht messen?

Ein Problem in der Wissenschaft ist, dass nur Dinge beobachten können, die unsere Sinne oder Instrumente erkennen. Das ist nur ein winziger Teil des Universums! Das, was wir noch nicht entdecken können, wird Dunkle Materie und Dunkle Energie genannt.

New Horizons

Die Raumsonde New Horizons erreichte 2015 Pluto, einen Zwergplaneten, der weiter von uns entfernt ist als alle Planeten in unserem Sonnensystem. Sie sendete unglaubliche Fotos von Plutos Oberfläche zur Erde.

Wettersatellit

Ein riesiges Netzwerk von Satelliten überwacht vom Weltraum aus das Wetter und Klima der Erde. Dazu verwenden sie Radar, Kameras und andere Instrumente.

Seismometer

Seismometer erkennen Erschütterungen des Erdbodens, auch solche, die wir nicht wahrnehmen. Sie informieren uns über Erdbeben und Vulkanausbrüche, aber sie geben auch Hinweise darauf, wie die Erde tief in ihrem Inneren aufgebaut ist.

EDWIN HUBBLE

Amerikanischer Kosmologe (1889–1953)

Edwin Hubble begeisterte sich schon früh für die Wissenschaft. Hubbles Vater wollte jedoch, dass sein Sohn Anwalt wird. Hubble folgte dem Wunsch seines Vaters und studierte Jura, aber er konnte nicht aufhören, über Physik nachzudenken. Er machte einen zweiten Abschluss in Astronomie und schoss mit einem Teleskop Fotos von seltsamen Ansammlungen von Sternen, die wie Nebel aussahen.

Das Mount-Wilson-Observatorium

Hubble bekam eine Stelle am Mount-Wilson-Observatorium in Kalifornien (USA) angeboten, wo gerade das leistungsstärkste Teleskop der Welt, das 2,50-Meter-Teleskop, gebaut wurde. Im Zweiten Weltkrieg arbeitete er für die US-Armee, doch danach kehrte er an das Observatorium zurück, um den Nachthimmel zu erforschen.

Hubble betrachtet die Sterne.

Das 2,50-Meter-Teleskop

Irreguläre Galaxie

Elliptische Galaxie

Spiralgalaxie

Hubble untersuchte viele Sternennebel und stellte fest, dass sie Teil entfernter Galaxien waren. Die Astronomen einigten sich darauf, dass das Universum aus vielen Galaxien mit unterschiedlichen Formen und Größen besteht.

Weit entfernte Galaxien

Durch das Teleskop am Mount-Wilson-Observatorium hatte Hubble einen viel besseren Blick auf die mysteriösen Sternennebel. Er interessierte sich besonders für Nebel, die wie Spiralen geformt waren. Zu dieser Zeit kannten die Astronomen nur unsere eigene Galaxie – die Milchstraße. Befanden sich die Sternennebel innerhalb der Milchstraße? Oder waren sie vielleicht selbst ferne Galaxien?

Beim Blick auf einen Spiralnebel namens Andromeda bemerkte Hubble, dass einige Sterne heller waren als andere. Er stellte fest, dass weniger helle Sterne weiter entfernt waren, und nutzte dieses Wissen, um die Entfernung verschiedener Sterne von der Erde zu berechnen. Die Entfernung erwies sich als riesig – mindestens dreimal weiter als die äußeren Grenzen der Milchstraße! Dies bewies, dass Andromeda selbst eine Galaxie war.

Hubble zeigte uns, wie wir die Geheimnisse des Weltraums entschlüsseln können.

Das erste Weltraumteleskop wurde nach Hubble benannt.

Hubble entdeckte, dass Veränderungen der Lichtfarbe von fernen Sternen und Galaxien uns sagen können, wie weit sie von der Erde entfernt sind.

CECILIA PAYNE-GAPOSCHKIN
Britisch-amerikanische Astronomin
(1900–1979)

Unser nächster Stern — die Sonne — ist unvorstellbare 150 Millionen Kilometer entfernt. Moderne Raumsonden können ihr nicht viel näher als elf Millionen Kilometer kommen, ohne zu schmelzen. Trotzdem wissen wir seit fast 100 Jahren, woraus dieser feurige Stern besteht. Die Astronomin Cecilia Payne-Gaposchkin hat dieses Rätsel für uns von der Erde aus gelöst.

Payne-Gaposchkin benutzte dazu ganz besondere Fotografien von Sternen, sogenannte Spektren. Diese Fotografien zerlegen das weiße Licht eines Sterns in den Regenbogen aus verschiedenen Lichtfarben, aus denen es besteht. Payne-Gaposchkin fand einen neuen Weg, diese Spektren zu lesen.

Diese dunklen Linien, die als Fraunhofer-Linien bekannt sind, zeigen verschiedene Farben, die in diesem Spektrum fehlen. Die fehlenden Farben können verwendet werden, um herauszufinden, welche Elemente im Spektrum vorhanden sind.

Diese fehlende Farbe wurde von Wasserstoff absorbiert.

Diese fehlende Farbe wurde von Eisen absorbiert.

Als Kind verbrachte Payne-Gaposchkin Stunden in der Bibliothek und las Bücher über ihre Lieblingsfächer: Naturwissenschaften und Mathematik.

Payne-Gaposchkin erklärte, wie die Mischung verschiedener Lichtfarben eines Sterns die Temperatur an seiner feurigen Oberfläche anzeigt.

Wasserstoff und Helium

Jahrelang hatten Forschende das Lichtspektrum der Sonne untersucht und entschieden, dass es aus dem gleichen Stoff wie die Erde besteht – darunter hauptsächlich schwere Elemente wie Eisen und Kalzium. Andere Sterne haben andere Spektren, daher nahm die Wissenschaft an, dass sie aus anderen Elementen bestehen müssen. Payne-Gaposchkin erkannte, dass dies falsch war. Sie entdeckte, dass die Unterschiede zwischen den Lichtspektren verschiedener Sterne nicht auf unterschiedliche Inhaltsstoffe, sondern auf unterschiedliche Temperaturen zurückzuführen sind. Sie entwickelte auch eine Methode, um zu berechnen, wie viel von jedem Element in einem Spektrum vorhanden ist. Überrascht stellte Payne-Gaposchkin fest, dass die Sonne hauptsächlich aus Wasserstoff und ein wenig Helium besteht. Dies veränderte unser Verständnis von den Sternen und dem Universum für immer.

Payne-Gaposchkin musste um Anerkennung kämpfen, wurde aber schließlich Harvards erste Professorin und Leiterin der Astronomieabteilung.

Sonnenspektrum

Sonnenlicht sieht weiß aus, ist aber eine Mischung aus vielen Farben. Ein Spektrum sieht aus wie ein bunter Strichcode, bei dem jede dunkle Linie eine bestimmte fehlende Lichtfarbe anzeigt. Diese Farben fehlen, weil sie von Elementen in der Atmosphäre des Sterns absorbiert (verschluckt) wurden. Wenn wir wissen, welche Lichtfarben von welchen Elementen absorbiert werden, können wir sagen, aus welchen Elementen ein bestimmter Stern besteht.

Diese fehlende Farbe wurde von Sauerstoff absorbiert.

ĽUDMILA PAJDUŠÁKOVÁ
Slowakische Astronomin
(1916–1979)

Ľudmila Pajdušáková begann ihre Karriere als Sternwarten-Technikerin. Sie reparierte Ausrüstung und half den Astronomen bei der Auswertung ihrer Beobachtungen. Sie war so begeistert von den Meteoren und Kometen, die über den Nachthimmel streiften, dass sie in ihrer Freizeit Astronomie studierte und die erste weibliche Astronomin in ihrem Land wurde.

Nach dem Zweiten Weltkrieg versuchten Regierungen auf der ganzen Welt, den Weltraum zu erkunden. Pajdušáková und ihr Team aus vier weiteren Astronomen wurden dafür bezahlt, Kometen zu entdecken. Jahrelang verbrachten sie ihre Nächte damit, abwechselnd den Himmel abzusuchen.

Das Skalnaté-Pleso-Observatorium steht hoch oben in den Bergen, wo der Himmel nachts dunkel und klar ist.

Pajdušáková entdeckte mehr Kometen mit einem riesigen Fernglas als mit dem Teleskop!

128

Pajdušáková C/1953 X1

Pajdušáková-Rotbart-Weber C/1946 K1

Pajdušáková C/1951 C1

Pajdušáková-Mrkos C/1948 E1

45P/Honda-Mrkos-Pajdušáková

Kometen entdecken

Kometen sind Klumpen aus gefrorenem Gestein und Gasen, die die Sonne umkreisen. Wenn sie sich der Sonne nähern, erhitzen sie sich und sind von glühendem Staub und Gasen umgeben. Manchmal bildet sich auch ein Schweif aus Staub und Gas, der sich über Millionen von Kilometern erstrecken kann. Egal in welche Richtung sich der Komet bewegt, sein Schweif zeigt immer von der Sonne weg.

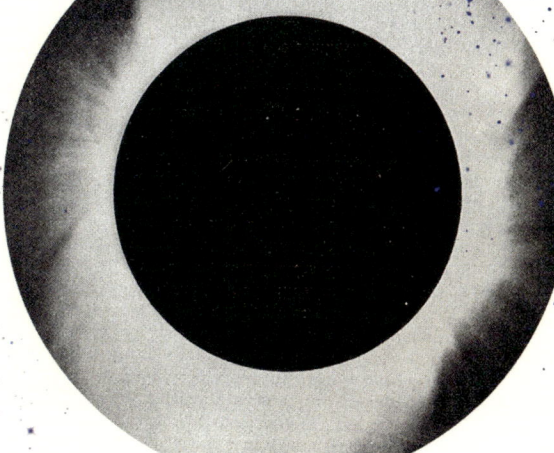

Erfolg am Himmel

Zwischen 1946 und 1959 entdeckte das Team 18 Kometen, die noch nie zuvor gesichtet worden waren. Pajdušáková fand fünf davon selbst und wurde berühmt! 1958 wurde sie Direktorin des Skalnaté-Pleso-Observatoriums und des Astronomischen Instituts in der Tatra in der heutigen Slowakei. In den nächsten 20 Jahren erforschte sie verschiedene Bereiche des Weltraums. Sie unterrichtete junge Menschen in Astronomie und trat Räten und Ausschüssen bei, um andere Frauen in Europa zu ermutigen, Astronominnen zu werden. Der Asteroid 3636 Pajdušáková wurde ihr zu Ehren nach ihr benannt.

Pajdušáková wurde Expertin für die Sonne und ihre Korona (Atmosphäre), die nur durch Ausblenden der Sonne fotografiert werden kann. Versuche niemals, die Sonne selbst zu fotografieren, weil du davon erblinden kannst!

KATIA & MAURICE KRAFFT

Französische Vulkanologen
(1942–1991) & (1946–1991)

Explosionsartige Ausbrüche von heißem Gas, Asche und Lava machen Vulkane zu den gefährlichsten Orten der Welt. Für Katia und Maurice Krafft war es jedoch Liebe auf den ersten Blick! Schon als Kind war Katia fasziniert von Filmen über die feurigen Kräfte, die die Erde formen. Bei Maurice war es der Anblick eines echten Vulkans, der ihn dazu brachte, Geologie, die Wissenschaft der Erde, zu studieren.

Stromboli (Italien)

Die Karriere von Katia und Maurice Krafft begann mit einer Reise zum Stromboli, einem aktiven Inselvulkan in Italien.

Einreißhaken
Schutzanzug
Hitzefeste Handschuhe

Katia und Maurice lernten sich an der Universität kennen und besuchten bald darauf gemeinsam den aktiven Vulkan Stromboli in Italien. Alle paar Minuten spie der Stromboli Asche, glühende Lava- und Steinbrocken aus. Das Paar kehrte mit tollen Fotos von der Reise zurück. Sie stellten fest, dass sie die Fotos und Filme verkaufen konnten, um damit weitere Vulkanbesuche zu finanzieren!

Ausrüstung

Sicherheitsausrüstung wie silberne Schutzanzüge, welche die starke Hitze reflektieren, können Vulkanologen nur vor einigen der vielen Gefahren schützen. Sie müssen immer vorsichtig und auf alles vorbereitet sein.

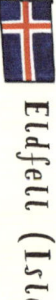

Eldfell (Island)

Katia und Maurice waren berühmt dafür, dass sie alles riskierten, um gute Aufnahmen von Vulkanausbrüchen zu erhalten. So auch 1973 beim Ausbruch des Eldfell.

Ein Leben für die Lava

In den folgenden 25 Jahren bestiegen Katia und Maurice gemeinsam etwa die Hälfte aller aktiven Vulkane der Welt. In einer Zeit, als es noch keine Roboter und Drohnen gab, gelang es ihnen, unglaubliche Szenen von Lavaströmen, pyroklastischen Trümmern und Vulkankratern aufzunehmen. Sie erstellten eine riesige Sammlung von Videos und mehr als 300 000 Fotografien, die in Filmen, Büchern und Dokumentationen verwendet werden konnten. Katia und Maurice Krafft wurden die bekanntesten Vulkanologen der Welt. Mit ihrer Arbeit halfen sie Regierungen zu lernen, wie sie ihre Dörfer und Städte in der Nähe von Vulkanen besser schützen können. Und nicht zuletzt war das Ehepaar Vorbild für viele junge Vulkanologen.

Unzen (Japan)

Ein pyroklastischer Strom ist eine glühende Wolke aus überhitztem Gas, Asche und Gestein, die sich sehr schnell bergab bewegt.

Die Untersuchung von Vulkanen hilft Ausbrüche vorherzusagen.

Das geschmolzene Gestein tief in der Erde wird Magma genannt.

Wenn die Lava abkühlt, entsteht neues Land.

Oberirdisch wird das geschmolzene Gestein Lava genannt.

Ein Vulkan ist ein Ort, an dem geschmolzenes Gestein, Asche und Gase aus dem Erdinneren entweichen.

Katia und Maurice Krafft wurden von einem pyroklastischen Strom getötet, als 1991 der Vulkan Unzen ausbrach.

STEPHEN HAWKING
Britischer theoretischer Physiker (1942–2018)

Stephen Hawking nutzte sein geniales Gehirn, um Raum und Zeit zu erforschen, und er half Millionen von Menschen, das Universum besser zu verstehen. Die meiste Zeit seines Lebens litt Hawking an einer Nervenkrankheit. Diese hinderte seinen Körper immer stärker daran, zu funktionieren. Aber egal wie schwierig sein Leben wurde, Hawking stellte als theoretischer Physiker immer wieder Fragen und suchte nach Antworten.

Hawking führte keine Experimente durch, sondern er versuchte, das Universum mithilfe der Mathematik zu beschreiben. So konnte er Vorhersagen über Dinge treffen, die noch nie jemand gesehen hatte, wie zum Beispiel Schwarze Löcher.

Hawking (in Weiß) studierte sowohl an der Universität von Oxford als auch an der Universität von Cambridge (beide in England).

Hawkings größtes Abenteuer war ein Parabelflug, bei dem er Schwerelosigkeit erleben konnte.

Dies ist das erste Foto eines Schwarzen Lochs. Es wurde 2019 aufgenommen.

Hawking-Strahlung

Hawking kombinierte Albert Einsteins Ideen zur Schwerkraft mit der Quantentheorie, um Schwarze Löcher besser zu verstehen. Seine Berechnungen zeigten, dass ein Teil der Strahlung aus einem Schwarzen Loch entweichen kann, sodass der alte Stern mit der Zeit verdampft und verschwindet.

Schwarze Löcher

Wenn ein massereicher Stern erlischt, verlangsamen sich die Kernreaktionen in seinem Inneren. Es gibt nichts, was die enorme Anziehungskraft des Sterns ausgleicht, also fällt der Stern in sich selbst zusammen und seine gesamte Masse wird zu einem winzigen Klumpen gepresst. Man dachte, dass die Schwerkraft um diesen Klumpen so unglaublich stark ist, dass ihr nichts entkommen kann – nicht einmal Licht! Hawking zeigte jedoch, dass ein Teil der Strahlung aus einem Schwarzen Loch entweichen kann.

Hawking wurde bekannt für sein unglaubliches wissenschaftliches Gehirn, aber auch für sein Talent, Wissenschaft durch Bücher und Vorträge zu vermitteln.

Als Hawking wegen seiner Erkrankung nicht mehr sprechen konnte, verwendete er einen Sprachcomputer. Seine elektronische Stimme wurde weltweit bekannt.

„Seid neugierig. [...] Lasst eurer Fantasie freien Lauf. Gestaltet die Zukunft!"

Schwarze Löcher sind Bereiche des Weltraums mit einer so starken Schwerkraft, dass sie alles verschlucken – sogar das Licht.

Schwarze Löcher bilden sich, wenn massereiche Sterne erlöschen.

NEIL deGRASSE TYSON
Amerikanischer Astrophysiker und Moderator (geb. 1958)

Als Neil deGrasse Tyson neun Jahre alt war, besuchte er zum ersten Mal das Hayden-Planetarium in New York (USA). Ein Planetarium ist ein Theater, das die Wunder des Nachthimmels zeigt. Statt auf eine Bühne zu blicken, sieht das Publikum Bilder, die auf eine gewölbte Decke projiziert werden. Während Tyson staunend zu der Sternenkuppel aufblickte, platzte er fast vor Fragen. Später studierte er Physik, Astronomie und Astrophysik, denn er wollte das Universum weit über die Grenzen unseres Wissens hinaus erforschen. Tyson betreibt wertvolle Forschung, durch die wir die Struktur von Galaxien und die Art und Weise, wie Sterne im Lauf der Zeit entstehen und sterben, besser verstehen. Tysons Arbeit war so beeindruckend, dass er im Jahr 1996 seinen Traumberuf bekam und Direktor des Hayden-Planetariums wurde.

Dark der Doku-Serie Unser Kosmos: Die Reise geht weiter erfuhren Millionen Menschen mehr über das Universum.

Hayden-Planetarium

Die große Kugel in diesem Glasgebäude ist das Hayden Planetarium. Tausende von Menschen besuchen es jedes Jahr, um unglaubliche Vorführungen zu sehen, in denen ferne Planeten, Sterne und Galaxien erkundet werden.

Geschichten aus dem Weltraum

Tyson ist nicht nur Wissenschaftler, sondern auch ein großartiger Wissensvermittler. Er liebt es, Menschen dazu anzuregen, mehr über das Universum zu erfahren – von den größten Sternen bis zu den kleinsten Lebensformen, die irgendwo im Weltraum existieren könnten. Tyson schreibt Zeitschriftenartikel und Bücher und moderiert beliebte Sendungen im Radio und Fernsehen. Für seine Arbeit wurde er sowohl im Weltraum als auch auf der Erde geehrt – mit vielen Preisen und einem Asteroiden, der ihm zu Ehren den Namen 13123 Tyson erhielt.

„Zu wissen, woher wir kommen, ist nicht weniger wichtig als zu wissen, wohin wir gehen."

WEITERE KLUGE KÖPFE

Maggie Aderin-Pocock
(geb. 1968)

Die Weltraumforscherin entwickelte Instrumente für das James Webb-Weltraumteleskop, das um die Erde kreist. Sie ist auch eine bekannte Moderatorin, die im Fernsehen die Wunder des Weltraums mit Millionen von Menschen teilt.

Frederick Banting
(1891–1941)

Die Krankheit Diabetes war sehr schwer zu behandeln, bevor der kanadische Wissenschaftler Banting und sein Assistent 1921 das Insulin entdeckten. Dieses Hormon kann außerhalb des Körpers hergestellt und zur Kontrolle des Blutzuckers verwendet werden.

Ben Barres
(1954–2017)

Barres Forschung zeigte, dass mysteriöse Zellen namens Glia ein wichtiger Bestandteil unseres Gehirns sind – sie helfen den Nerven, zu wachsen und Verbindungen herzustellen. Barres war transgender, das heißt, er war ein Mann, der im Körper einer Frau geboren worden war, sich aber nicht mit dem weiblichen Geschlecht identifizierte.

Robert Boyle
(1627–1691)

Boyle beschrieb in einem nach ihm benannten Gesetz, wie das Zusammenpressen eines Gases den Raum verändert, den es einnimmt. Seine sorgfältigen Experimente halfen ihm auch, Dutzende Entdeckungen in Physik, Medizin, Chemie und Geowissenschaften zu machen.

Sigmund Freud
(1856–1939)

Der österreichische Neurologe Freud hat mit seiner Forschung unser Verständnis vom menschlichen Verhalten grundlegend verändert. Seine Ideen zur Funktionsweise des menschlichen Gehirns halfen ihm auch, eine neue Therapieform zu erfinden, die Psychoanalyse.

Margherita Hack
(1922–2013)

Die italienische Astrophysikerin Hack studierte die Sterne und ihre Atmosphäre. Sie verwandelte ein Observatorium in Italien in ein bekanntes Forschungszentrum, das bei der Planung eines der produktivsten Weltraumteleskope half – dem International Ultraviolet Explorer.

Edmond Halley
(1656–1742)

Halley katalogisierte als erster Astronom die Sterne, die von der südlichen Hälfte der Erde sichtbar sind. Am bekanntesten ist er jedoch dafür, dass er bewies, dass drei Kometen, die 1531, 1607 und 1682 gesichtet wurden, ein und derselbe Komet waren, der heute Halleyscher Komet genannt wird.

Alma Levant Hayden
(1927–1967)

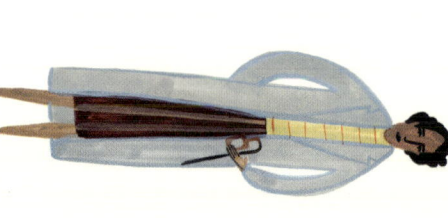

Hayden war eine der ersten afroamerikanischen Wissenschaftlerinnen, die für die US-Regierung arbeiteten. Ihr Spezialgebiet war, verschiedene Chemikalien zu identifizieren. In einem Fall bewies sie, dass ein angebliches Medikament gegen Krebs in Wirklichkeit ein Betrug war.

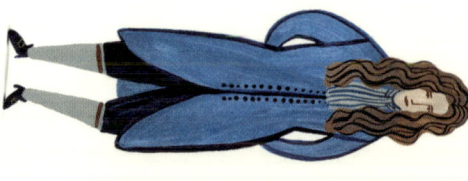

Lloyd Noel Ferguson
(1918–2011)

Als Biochemiker erforschte Ferguson die kohlenstoffbasierten Moleküle, aus denen alle Lebewesen bestehen, und enthüllte dabei Geheimnisse unseres Geschmackssinns. Lloyd war auch ein guter Lehrer, der Hunderten von schwarzen Schülern beim Einstieg in die Chemie half.

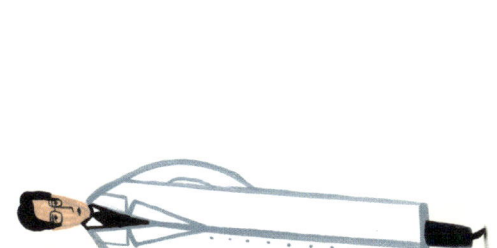

Wangari Muta Maathai
(1940–2011)

Die Biologin Maathai gründete die Green-Belt-Bewegung, die versucht, die Abholzung der Wälder zu stoppen, und mehr als 30 Millionen Bäume pflanzte. Maathai war Kenias erste Professorin und die erste Afrikanerin, die einen Nobelpreis erhielt.

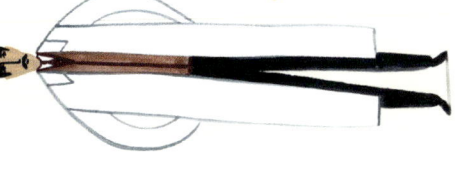

Annie Easley
(1933–2011)

Easley begann ihre Karriere als menschlicher Computer bei der NASA. Komplexe Berechnungen führte sie zunächst per Hand durch. Als die Technik fortschritt, wurde sie eine geniale Informatikerin, die viele wichtige Computerprogramme entwickelte.

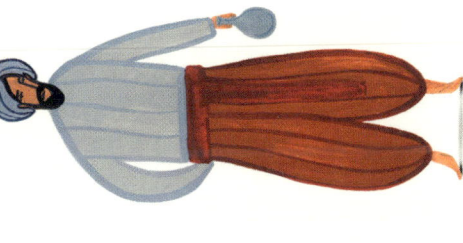

Hans Adolf Krebs
(1900–1981)

Krebs erhielt 1953 den Nobelpreis für Physiologie oder Medizin für seine Entdeckung einer wichtigen Reihe chemischer Reaktionen, die es Lebewesen ermöglichen, Energie aus der Nahrung zu gewinnen. Dieser Vorgang wird als Krebs-Zyklus bezeichnet.

Carlos Chagas
(1879–1934)

Der brasilianische Arzt entdeckte den mikroskopisch kleinen Parasiten, der die tödliche Chagas-Krankheit verursacht. Er zeigte, dass Insekten sie von Mensch zu Mensch weitergeben. Er beschrieb auch, wie die Bekämpfung der Armut die Ausbreitung der Krankheit stoppen kann.

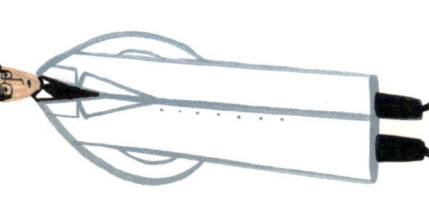

Muhammad ibn Zakariya al-Razi
(854–925)

Viele Entdeckungen über die Funktionsweise unseres Körpers gehen auf diesen genialen persischen Arzt zurück. Er schrieb mehr als 220 Bücher über Chemie und Medizin, während er ein großes Krankenhaus leitete.

Alexa Canady
(geb. 1950)

Canady war die erste afroamerikanische Frau, die in den USA Neurochirurgin wurde. Sie wurde Leiterin der Neurochirurgie in einem Kinderkrankenhaus, wo sie Hunderten von jungen Patienten half.

Robert Hooke
(1635–1703)

Hooke machte Entdeckungen in vielen Bereichen der Wissenschaft, von der Rotation der Planeten bis zur Struktur der Schneeflocken. Er erfand das Wort „Zelle" und entdeckte das Hookesche Gesetz, das vorhersagt, wie stark ein Material durch eine Kraft gedehnt wird.

Ettore Majorana
(1906–?)

Majorana war ein italienischer Wissenschaftler, der seinen genialen Verstand nutzte, um Atome zu verstehen. 1938 verschwand er plötzlich und tauchte nie wieder auf. Hätte er weitergearbeitet, hätte er vielleicht weltverändernde Entdeckungen gemacht, wie Isaac Newton oder Albert Einstein.

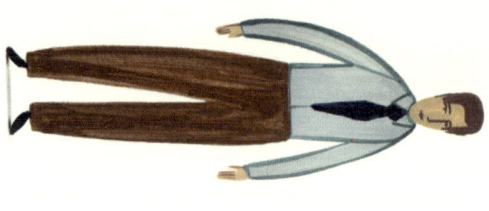

Julie Makani
(geb. 1970)

Die preisgekrönte Medizinforscherin aus Tansania arbeitet daran, Blutkrankheiten zu heilen. Sie versucht, Forschungsergebnisse in Behandlungsmethoden umzuwandeln, die das Leben von Patienten mit der Blutkrankheit Sichelzellenanämie verbessern.

Barbara McClintock
(1902–1992)

McClintock half uns zu verstehen, wie Gene funktionieren. Sie bewies, dass ein Genom (das gesamte genetische Material eines Lebewesens) nicht wie Perlen an einer Schnur befestigt ist, sondern ständig neu angeordnet wird. Damit eröffnete sie ein neues Wissenschaftsgebiet namens Zytogenetik, das ihr den Nobelpreis einbrachte.

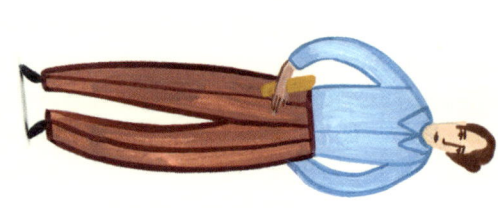

Mario J. Molina
(1943–2020)

Der mexikanische Chemiker Molina und sein Team bewiesen, dass bestimmte Gase, sogenannte Fluorchlorkohlenwasserstoffe (FCKW), die Ozonschicht zerstören, die die Erde vor schädlicher Sonnenstrahlung schützt. Molina arbeitete unermüdlich daran, FCKW aus unserem Alltag zu verbannen.

Leopold Ružička
(1887–1976)

Der kroatisch-schweizerische Chemiker produzierte für Parfümhersteller künstliche Versionen von stark riechenden, natürlichen Substanzen. Später entdeckte er, wie man wichtige Hormone produziert, die als Boten in unserem Körper wirken.

Katsuko Saruhashi
(1920–2007)

Regentropfen an einer Fensterscheibe weckten Saruhashis Neugier auf die Naturwissenschaften. Sie wurde eine berühmte Geowissenschaftlerin, die die Welt davor warnte, dass oberirdische Atomwaffentests die Luft und die Ozeane der Erde verschmutzen.

Ignaz Semmelweis
(1818–1865)

Semmelweis war ein ungarischer Arzt, der herausfand, dass Ärzte Infektionen in Krankenhäusern verbreiteten. Indem er darauf bestand, dass sich die Ärzte nach der Behandlung jedes Patienten die Hände waschen, zeigte er, wie eine bakterielle Infektion verhindert werden kann.

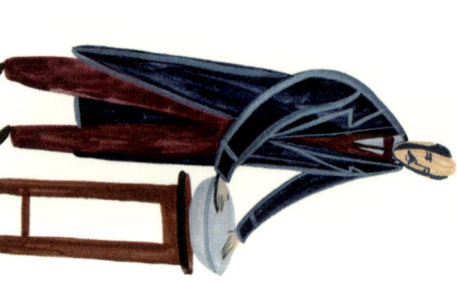

Helen Taussig
(1898–1986)

Trotz ihrer Legasthenie (eine Lernschwäche, bei der es manchen Menschen schwerer fällt als anderen, zu lesen und zu schreiben), wurde Taussig eine geniale Ärztin. Sie half mit, eine Operation zu entwickeln, um einen Herzfehler bei Neugeborenen zu beseitigen.

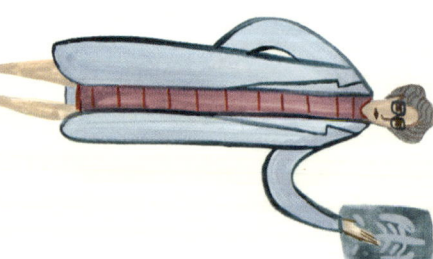

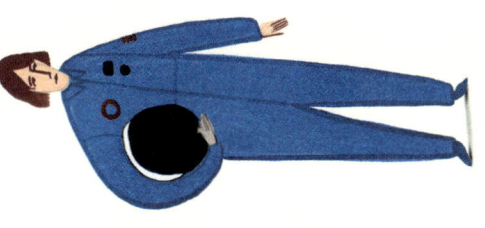

Sally Ride
(1951–2012)

Ride war Physikerin und die erste Amerikanerin, die ins All reiste. Sie hatte sich auf ein Stellenangebot der NASA beworben, die junge Wissenschaftler für die Ausbildung zu Astronauten suchte. Insgesamt verbrachte Ride etwas mehr als zwei Wochen im Weltraum.

Claudius Ptolemäus
(100–um 170)

1400 Jahre lang beruhte die Wissenschaft der Astronomie allein auf den Ideen des griechischen Wissenschaftlers Ptolemäus. Sein Modell, wie Sonne, Mond und Planeten die Erde umkreisen, erwies sich als falsch, aber es ist wichtig für das Verständnis der Wissenschaftsgeschichte.

Max Planck
(1858–1947)

Der deutsche Physiker Planck entwickelte Anfang des 20. Jahrhunderts die Quantentheorie. Diese Sammlung aus Ideen und Gesetzen hilft Physikern, das Verhalten der kleinsten Teilchen im Universum vorherzusagen.

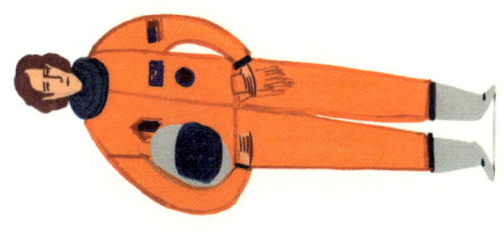

Ellen Ochoa
(geb. 1958)

Ochoas Fähigkeiten als Ingenieurin führten sie bis ins All. Nach vier aufregenden Weltraummissionen und fast 1000 Stunden im Orbit wurde sie schließlich Direktorin des Raumfahrtzentrums der NASA.

Shinya Yamanaka
(geb. 1962)

Stammzellen können uns helfen, neue medizinische Behandlungsmethoden zu entwickeln. Der japanische Forscher Yamanaka erhielt einen Nobelpreis für seine neue Methode, mit der er normale Körperzellen in Stammzellen umwandeln kann.

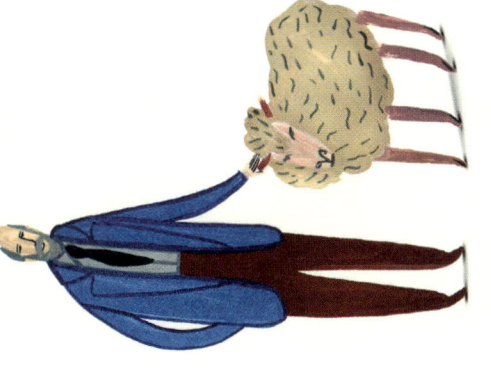

Ian Wilmut
(geb. 1944)

Der Biologe Wilmut leitete das Team, das als Erstes ein Säugetier klonte – ein Schaf namens Dolly. Klonen bedeutet, Lebewesen zu erzeugen, deren Erbgut völlig gleich ist. Heute arbeitet Wilmut daran, das Klonen von Stammzellen für medizinische Zwecke zu verbessern.

Irene Uchida
(1917–2013)

Die kanadische Spezialistin für Genetik konzentrierte sich bei ihrer Forschung vor allem auf Zwillinge. Die Ähnlichkeiten und Unterschiede zwischen den Genen von Zwillingen helfen medizinischen Forschenden, Erkrankungen zu verstehen, die eine genetische Ursache haben.

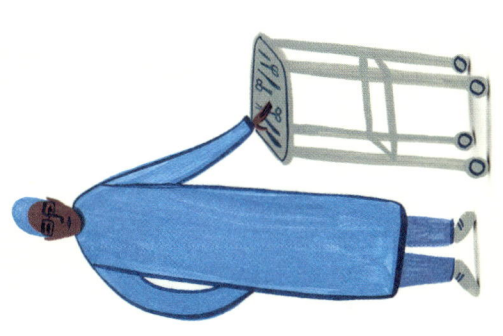

Mashudu Tshifularo
(geb. 1964)

1995 wurde Tshifularo der erste schwarze Professor für Hals-Nasen-Ohrenkunde in Südafrika. Später verwendete er als Erster eine neue Operationstechnik, bei der er winzige Ersatzknochen, die mit 3-D-Drucktechnologie hergestellt worden waren, in ein Ohr verpflanzte.

BEGRIFFE

Agronom
Ein wissenschaftlich arbeitender Mensch, der Methoden zum Anbau von Feldfrüchten erforscht.

Astronomie
Die Wissenschaft vom Universum, samt Weltall, Galaxien und Sonnensystemen.

Atmosphäre
Eine schützende Hülle aus Gasen, die einen Stern oder Planeten umgibt.

Atom
Kleinster Baustein eines Elements. Es enthält Protonen, Neutronen und Elektronen.

Bakterien
Winzige Lebewesen. Einige davon können Krankheiten verursachen, andere für uns Menschen nützlich sein.

Biologie
Wissenschaft, die sich mit dem Leben und den Lebewesen befasst.

Chemie
Wissenschaft, die sich mit Stoffen befasst und wie sie miteinander reagieren.

DNA
Molekül, auf dem alle Erbinformationen gespeichert sind.

Element
Substanz, die nur aus einer einzigen Art von Atomen besteht und nicht mehr in andere Stoffe zerlegt werden kann.

Embryo
Ein noch nicht geborenes Lebewesen im Bauch der Mutter, das sich noch am Anfang seiner Entwicklung befindet.

Evolution
Allmähliche Veränderungen der Lebewesen über einen langen Zeitraum, durch die sie sich an ihre Umgebung anpassen.

Expedition
Eine Reise, um unentdeckte Gebiete zu erforschen.

Fossilien
Überreste toter Lebewesen, die vor langer Zeit in Stein eingeschlossen wurden.

Galaxie
Eine Galaxie wie unsere Milchstraße, ist eine Ansammlung von einigen 100 Milliarden Sternen, die alle um das Zentrum der Galaxie kreisen.

Gene
Abschnitte auf der DNA. Sie bestimmen, wie sich ein Lebewesen entwickelt.

Genetik
Die Wissenschaft der Gene.

Geologie
Die Wissenschaft, die sich mit der Erde selbst befasst.

Hybrid
Etwas Neues, das aus zwei verschiedenen Dingen entstanden ist.

Impfung
Die Verabreichung eines Impfstoffs, der dem Körper beibringt, eine Infektion abzuwehren.

Infektion
Das Eindringen von Krankheitserregern in den Körper eines Lebewesens.

Klima
Das Wetter, das über einen langen Zeitraum in einem bestimmten Gebiet herrscht.

Kontinent
Eine große Landfläche zum Beispiel Europa oder Afrika.

Labor
Raum, in dem wissenschaftliche Experimente durchgeführt werden.

Magnet
Ein Gegenstand, der andere Gegenstände aus Metall mit einer unsichtbaren Kraft anzieht.

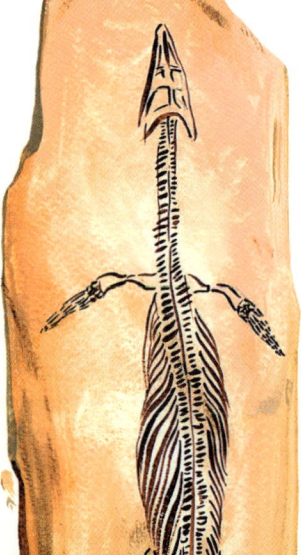

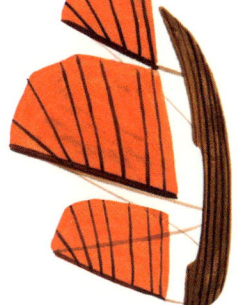

Merkmal
Eigenschaft, an der wir ein Lebewesen wiedererkennen können, wie die Farbe der Samen bei Erbsenpflanzen.

Meteorologie
Wissenschaft, die das Wetter und die Atmosphäre der Erde erforscht.

Mikrobe
Lebewesen, die so klein sind, dass man sie nur mit dem Mikroskop sehen kann.

Molekül
Zwei oder mehr Atome, die miteinander verbunden sind.

NASA
Amerikanische Bundesbehörde, die für Weltraummissionen und Weltraumforschung zuständig ist.

Ökologin
Wissenschaftlerin, die erforscht, wie Lebewesen von ihrer Umwelt abhängen.

Paläontologin
Wissenschaftlerin, die Lebewesen der Vergangenheit anhand von Fossilien erforscht.

Partikel
Winziges Teilchen, das kleiner als ein Atom ist.

Philosoph
Ein Mensch, der Fragen stellt, die jeden von uns betreffen. Philosophie kommt aus dem Griechischen und bedeutet so viel wie Liebe zur Weisheit oder das Streben nach Erkenntnis.

Physik
Wissenschaft, die sich mit Materie, Bewegung, Kräften und Energie befasst.

Radioaktivität
Unsichtbare Strahlung, die entsteht, wenn Atome zerfallen.

Röntgenstrahlen
Unsichtbare Lichtstrahlen, die weiches Gewebe wie Haut durchdringen und dickeres Gewebe wie Knochen sichtbar machen können.

Schwerkraft
Unsichtbare Anziehungskraft zwischen zwei Objekten, wie die Anziehungskraft zwischen Erde und Mond.

sequenzieren
Die Reihenfolge der DNA-Bausteine bestimmen.

Strahlung
Die Ausbreitung von Wellen oder Partikeln. Sonnenlicht, Röntgenstrahlen und Radiowellen sind verschiedene Arten von Strahlung. Einige Arten können für Lebewesen schädlich sein.

Substanz
Der Stoff oder die Materie, aus der etwas besteht.

Theorem
Eine wissenschaftliche Behauptung, die sich als wahr erwiesen hat.

Virus
Ein Krankheitserreger, der zu seiner Vermehrung in pflanzliche, tierische oder menschliche Zellen eindringt.

Vulkanologe
Wissenschaftler und spezialisierter Geologe, der Vulkane erforscht und Vulkanausbrüche vorhersagt.

Zoologie
Die Wissenschaft von den Tieren.

REGISTER

A
Abdool Karim, Quarraisha 70–71
Aderin-Pocock, Maggie 136
Aglaonike von Thessalien 110–111
Algebra 85
äquatorialer Elektrojet 107
al-Razi, Muhammad ibn Zakariya 137
al-Tusi, Nasir al-Din 114–115
Analytische Maschine 90
Anning, Mary 10–11
Antibiotikum 57, 66
Antikythera-Mechanismus 111
Antiseptika 56, 57
Antitoxin (Gegengift) 52
Asteroiden 129, 135
Astronomie 115, 117, 124, 128, 129, 134
Astrophysik 134
Atmosphäre 93, 107, 122, 123
Atombombe 81, 94
Atome 47, 80–81, 82, 86, 94–95, 105
Atomkern 80, 81
Auslese, natürliche 14
Avery, Oswald 29

B
Babbage, Charles 90
Baez, Albert 96–97
Bakterien 50–53, 56, 57, 61
Bakteriologie 51
Ball, Alice 60–61
Ball-Methode 61
Banting, Frederick 136
Barres, Ben 136
Becquerel, Henri 54, 55
Befruchtung 16
Berggorillas 34–35
Beta-Zerfall 94, 95
Beulenpest 52, 53
Binärcode 89
Boden verbessern 18, 19
Bohr, Niels 81
Boyle, Robert 136
Bunsenbrenner 62

C
Canady, Alexa 137
Carson, Rachel 22–23
Carver, George Washington 18–19
Chagas, Carlos 137
Chain, Ernst 57
Chika, Kuroda 58–59
Cholera 50, 51
Chromosomen 17, 29
COBOL 89
Cohen, Stanley 65
Computer 88–89, 90–91, 102–103
Computerchips 68
Computerprogramm 103
Computersprache 91
COVID-19 28
Creighton, Harriet 29
Crick, Francis 27, 28
CRISPR-Methode 28
Curie, Marie 54–55
Curie, Pierre 54, 55

D
Dampfmaschinen 48
Darwin, Charles 14, 15
Davy, Humphry 78, 79
DDT 23
Dinosaurier 11
Diabetes 67
Diphterie 50, 52, 57
DNA 26, 27, 28–29
Dynamo 78

E
Easley, Annie 137
Einstein, Albert 82–83, 85, 87, 133
Eisbohrkern 122
Eizellen 16, 17, 33, 64
Elektrizität 78
Elektrofahrzeuge 68, 69
Elektromotor 78, 79
Elektronen 47, 81, 94, 95, 105
Elementarteilchen 105
Elemente 40, 41, 46–47, 127
Ellipsoid 103
Embryo 37
ENIAC 90
Epidemie 51
Epidemiologin 70
Erbkrankheiten 37
Erdbeben 118
Erdkruste 118, 119, 121
Erdmantel 107, 119
erneuerbare Energiequellen 69
Evolutionstheorie 14–15

F
Faraday, Michael 78–79
Farbstoffe 58–59
Ferguson, Lloyd Noel 137
Fleming, Alexander 56–57
Flemming, Walter 29
Florey, Howard 57
Fortpflanzung 16–17
Fossey, Dian 34–35
Fossilien 10–11, 120, 121
Franklin, Rosalind 26, 27, 28, 29
Freud, Sigmund 136
Fruchtfolge-Methode 19

G
Galaxien 97, 125 134
Galilei, Galileo 74–75
Gameten 16
GATV 93
Gedächtnis 30–31
Gehirn 30–31
Genetik 12–13, 16–17, 28–29, 36–37, 87
geozentrisches Weltbild 116
Gesetze der Bewegung 75, 77
gentechnisch veränderte Lebensmittel 29
Geoid 103
Geophysik 118–121
GPS 102, 103

H
Hack, Margherita 136
Halley, Edmond 136
Harvard Mark I 89
Hawking, Stephen 132–133
Hayden, Alma Levant 136
heliozentrisches Weltbild 117
Helium 127
Higgs-Boson 105
hitzebeständiges Glas 62
HIV/AIDS 70–71
Hodgkin, Dorothy 57, 66–67
Hooke, Robert 63, 137
Hopper, Grace 88–89
Hubble, Edwin 124–125
Hybridreis 32, 33
Hygienemaßnahmen 51

I
IBM System/360 91
Ichthyologin (Fischwissenschaftlerin) 24
Ichthyosaurier 10, 11
Immunsystem 45, 70
Impfungen 44, 45
Infektionskrankheiten 50
Ingenieur 48–49, 92–93
Insekten 8–9
Instrumente, wissenschaftliche 122–123
Insulin 28, 67
Ionosphäre 107

J
Jackson, Mary 99
Jenner, Edward 44, 45
Johnson, Katherine 98–99

K
Kasimati, Sabiha 24–25
Keramik, technische 100
Kernphysik 80, 94
Khorana, Har 28
Kirkpatrick, Paul 96
Kitasato, Shibasaburō 52, 53
Klima 107, 113, 121, 122
Koch, Robert 50–51, 52
Kometen 128–129
Kompasse, magnetische 112
Kontinentalverschiebung 120–121
Kopernikus, Nikolaus 74, 115, 116–117
Kosmologe 124
Kossel, Albrecht 29
Krafft, Katia und Maurice 130–131
Krankheiten 50–53, 57, 60, 67, 70

Krebs 55, 65
Krebs, Hans Adolf 137
Kristalle 59, 66–67
Kühlung 48, 49
Kuo, Shen 112–113

L

Labor
Instrumente 62–63
Lackmuspapier 63
Landesonde 123
Landwirtschaft 19, 32
Lava 131
Lavoisier, Antoine 40–41
Lebensräume 21, 22, 24
Lee, Tsung Dao 95
Lepra 60, 61
Levi-Montalcini, Rita 64–65
Licht 77, 79, 86, 126–127
Brechung 96
Linde, Carl von 48–49
Lithium-Ionen-Akku 68–69
Longping, Yuan 32–33
Luft 40, 41, 49
Luft- und Raumfahrt-ingenieurin 93

M

Maathai, Wangeri Muta 137
MacLeod, Colin 29
Magma 131
Magnete 78–79, 100, 112
Magnetfeld 95, 122
Majorana, Ettore 138
Makani, Julie 138
Manhattan-Projekt 94
Materialien, neue 100–101
Mathematik 75, 84–85, 86, 92–93, 98, 114, 115
McCarty, Maclyn 29
McClintock, Barbara 29, 138
Meeresleben 22, 23
Mendel, Gregor 12–13, 29
Mendelejew, Dmitri 46–47
menschliches Genom 29
Merian, Maria Sibylla 8–9
Merkmale 12, 29, 32
Meteore 128
Meteorologie 119
Miescher, Friedrich 29
Mikroben 29, 45, 51, 56
Mikrobiologe 50, 56
Mikroskope 63, 96–97
Milchstraße 125
Milzbrand 50, 51
Moho-Grenze 118
Mohorovičić, Andrija 118–119
Molekularbiologe 27
Moleküle 26, 67, 97
Molina, Mario J. 138
Mond 98, 99, 110, 111, 116
Mondfinsternisse 110–111
Mount-Wilson-Observatorium 124, 125

N

Nanomaterial 100
NASA 93, 98, 99
Naturforscher 8–9, 14–15
Naturschutzprogramm 35
Nervenzellen 64–65
neuromuskuläre Erkrankungen 36–37
Neurophysiologin 64
Neurowissenschaftler 30
Neutronen 47, 105
New Horizons 123
Newton, Isaac 75, 76–77
Nirenberg, Marshall 28
Noether, Emmy 84–85
Noethers Theorem 84

O

Ochoa, Ellen 139
Ochoa, Severo 28
Ökologin 22
Ökosystem 22, 23
Oneke, Francisca Nneka 106–107

P

Pajdušáková, Ľudmila 128–129
Paläontologin 10
Fangäa 121
Parker Solar Probe (Sonnensonde) 122
Pasteurisierung 45
Pasteur, Louis 45, 53, 62
Payne-Gaposchkin, Cecilia 126–127
PCR (Polymerase-Kettenreaktion) 28
Pendel 75
Penizillin 56–57, 66
Periodensystem 40, 46–47
Petrischalen 50, 56, 63
Pflanzen 12–13, 19, 32–33, 59, 60
Pipette 62
Planck, Max 139
Planeten 74, 77, 102, 111, 114, 115, 116–117
Plastik 101
Plesiosaurier 10–11
Pocken 44, 45
Proctor, Joan Beauchamp 20–21
Programmierer 88
Programmiersprache 89
Protonen 47, 80, 105
Prozessoren 90
Psychologie 30
Ptolemäus, Claudius 139
pyroklastischer Strom 131

Q, R

Quantenmechanik 86, 87
Radar 122
radioaktiv 54–55, 80, 95
Raumzeit 82, 83
Regulation der Körperwärme (Reptilien) 20–21
Reibung 75
Relativität, Idee der 83
Ride, Sally 139
Roboter 91
Röntgenkristallografie 26, 66–67
Röntgenstrahlen 55, 96–97
Ross, Mary Golda 92–93
Rutherford, Ernest 80, 81
Ruzicka, Leopold 138

S

Saruhashi, Katsuko 138
Satelliten 93, 102–103, 123
Sauerstoff 40, 41, 49
Schimmelpilze 56–57
Schrödinger, Erwin 86–87
Schrödingers Katze 87
Schwarze Löcher 85, 132–133
Schwerkraft 76, 77, 82, 83, 85, 133
Seismograf 118
Seismometer 123
Seltene Erden 100
Semmelweis, Ignaz 138
Smartphones 91, 102
Sonne 74, 77, 101, 102, 107, 111, 116–117, 122, 126–127, 129
Sonnensystem 74
Sonnenwind 107
Spektren 126–127
Stammzellen 36, 37, 139
Standardmodell 105
Sternennebel 125
Stevens, Nettie 16–17
Strahlung 54, 55, 80, 123, 133
Strom 69, 78–79

T

Taussig, Helen 138
Teilchenbeschleuniger 104–105
tektonische Platten 77, 97, 121
Teleskop 74, 77, 123, 124, 125
Tetanus 52
theoretischer Physiker 132–133
Thermometer 63
Tollwut 53
Trigonometrie 115
Tshifularo, Mashudu 139
Tuberkulose 50, 51
Tulving, Endel 30–31
Tyson, Neil deGrasse 134–135

U

Uchida, Irene 139
Umwelt 23, 101, 113
Universum 82, 83, 84, 85, 86, 105, 117, 132, 134, 135

V

Vaughan, Dorothy 99
Verbrennung, Theorie der 40
Verbundwerkstoffe 101
Vererbung 12–13, 32, 37
Virus 70–71, 97
Vulkanausbrüche 130–131
Vulkanologen 130–131

W

Wallace, Alfred Russel 14–15
Wasser 41
Wasserstoff 41, 127
Watson, James 27, 28
Wegener, Alfred 120–121
Weltraumfahrzeuge 98, 99, 122, 123
West, Gladys 102–103
Wettersatellit 123
Wilmut, Ian 139
Wu, Chien-Shiung 94–95
Wu, Sau Lan 104–105

X, Y, Z

Yak-yong, Jeong 42–43
Yamanaka, Shinya 139
Yang, Chen Ning 95
Yersin, Alexandre 52, 53
Yoshino, Akira 68–69
Zatz, Mayana 36–37
Zellen 36–37, 64, 97
Zonenplattenmethode 97, 136
Zoologie 20–21

Die Autorin

Isabel Thomas ist eine preisgekrönte Wissenschaftsautorin und hat schon eine ganze Reihe von Büchern für ein junges Publikum geschrieben. Sie hat Humanwissenschaften an der Universität von Oxford studiert und es war schon immer ihr Traum, über Menschen in der Wissenschaft zu schreiben. Isabel lebt in Cambridge (England) mit drei Kindern (die Versuchskaninchen für ihre Bücher sind) und zwei Meerschweinchen.

Der Experte

Dr. Stephen Haddelsey ist ein britischer Historiker und Autor von sieben Büchern. Außerdem hat er drei historische Fachpublikationen zur Erstveröffentlichung herausgegeben. Er ist Gastmitglied der Royal Geographical Society und der Royal Historical Society sowie Ehrenmitglied der Universität von East Anglia.

Die Illustratorin

Jessamy Hawke zeichnet, seit sie alt genug ist, einen Stift zu halten. Sie wohnt zwischen London und Dorset (England), wo sie gern an der Küste entlangspaziert und Plätze sucht, an denen sie sitzen und malen kann. Wenn sie im Atelier arbeitet, leisten ihr Hund Mortimer und die Katzen Marcel und Rhubarb Gesellschaft.

Die Expertin

Lisa Burke schreibt und lektoriert seit 2005 wissenschaftliche Bücher für den DK Verlag. Sie hat Naturwissenschaften an der Universität Cambridge studiert und arbeitete dann bei dem Fernsehsender Sky News als Moderatorin, Wetteransagerin und Wissenschaftskorrespondentin. Heute lebt sie in Luxemburg.

DANK UND BILDNACHWEIS

Dorling Kindersley dankt Syed Md Farhan und Vijay Kandwal für die Freisteller, Steve Crozier für die Repro-Arbeit, Helen Peters für das Register sowie Bianca Hezekiah und Tony Stevens von der Wohltätigkeitsorganisation Disability Rights UK für die fachliche Unterstützung.

Der Verlag dankt folgenden Personen und Organisationen für die freundliche Genehmigung zum Abdruck von Fotos:

(Abkürzungen: o = oben, u = unten, m = Mitte, l = links, r = rechts, g = ganz, Hg = Hintergrund)

8 Alamy Stock Photo: Axis Images (gor); The Natural History Museum, London (um); PhotoStock-Israel (ur). **9 Alamy Stock Photo:** imageBROKER / Silvana Guilhermino (ur) **Dreamstime.com:** Colin Moore (gol). **10 Alamy Stock Photo:** Pictorial Press Ltd. (gol). **11 Alamy Stock Photo:** Morley Read (mr). **Getty Images / iStock:** wwing (mro). **12 Alamy Stock Photo:** FLHC A22 (gol); Martin Shields (mu). **14 Alamy Stock Photo:** AAA Collection (mr); GL Archive (gol); Eng Wah Teo (um). **The Trustees of the Natural History Museum, London:** Gesammelt am Amazonas von Alfred Russel Wallace von 1848–1852 (ul). **15 Alamy Stock Photo:** Pictorial Press Ltd. (mu); The Natural History Museum, London (mlu). **Getty Images / iStock:** Grafissimo (gom). **Science Photo Library:** Paul D Stewart (mr). **16 Alamy Stock Photo:** ARCHIVIO GBB (gol); WILDLIFE GmbH (mlu). **Science Photo Library:** Steve Gschmeissner (gor). **18 Alamy Stock Photo:** World History Archive (gol). **Dreamstime.com:** Nazar Nazaruk (um); Tashka2000 (ul). **20 Alamy Stock Photo:** Sunda Island Pit Viper (gol). **21 SuperStock:** View Pictures Ltd. (gol). **22 Alamy Stock Photo:** Science History Images / Photo Researchers (gol). **23 Alamy Stock Photo:** Universal Art Archive (gor). **Getty Images:** The LIFE Picture Collection / Alfred Eisenstaedt (gom); The LIFE Picture Collection / George Silk (mru). **24 Albanian Aktenbehörde:** Sabina Kasimati und Elsa Kasimati (gol) **Alamy Stock Photo:** Nature Photographers Ltd. / Paul R. Sterry (gor). **Dreamstime.com:** Goruppa (mlo); Mirkorosenau (ur). **25 Dreamstime.com:** Alexander Raths (ur). **Getty Images / iStock:** abadonian (mlo). **26 Alamy Stock Photo:** Pictorial Press Ltd. (gol). **Science Photo Library:** (ul). **27 Getty Images:** Bettmann (gol, mro). **28 Dreamstime.com:** Olja Simovic (um). **Getty Images:** Terra Images (mlu). **Getty Images / iStock:** Vladimir Zapletin (mru). **Science Photo Library:** A. Barrington Brown, © Gonville & Caius College (mro). **29 Dreamstime.com:** Sarah Marchant (gor). **Science Photo Library:** David Parker (mu). **30 Getty Images:** Toronto Star / Keith Beaty (gol). **31 Alamy Stock Photo:** Science History Images / Photo Researchers (mro). **Dreamstime.com:** Grieze (gor). **32 Alamy Stock Photo:** Imaginechina Limited (gor). **33 Alamy Stock Photo:** Xinhua / Ding Lei (mr). **34 Getty Images:** United News / Popperfoto (gol). **35 Alamy Stock Photo:** Everett Collection, Inc. / © Universal (mr); Liam White (goc, ul). **36 Getty Images:** Corbis Historical / Paulo Fridman (ul). **37 Alamy Stock Photo:** Science Photo Library / Kateryna Kon (ur). **Science Photo Library:** Dr Yorgos Nikas (gor). **40 Alamy Stock Photo:** Classic Image (gol). **Dorling Kindersley:** The Science Museum, London (ml). **41 Dreamstime.com:** Christianm (mr). **Science Photo Library:** (gor). **42 Alamy Stock Photo:** F. Cortes-Cabanillas (mu); The History Collection (gol). **43 Dreamstime.com:** Alexey Borodin (mr); Anat Chantrakool (ml); Sitthichai Kaewlam (m); Leisan Rakhimova (m/Tee). **44 Wellcome Collection:** Edward Jenner. Ölgemälde. Public Domain Mark (gol). **45 Dreamstime.com:** Eivaisla (mro). **Wellcome Collection:** Louis Pasteur. Photogravure. Attribution 4.0 International (mC BY 4.0) (gor). **46 Alamy Stock Photo:** Artokoloro (mr); Matteo Omied (gol). **47 Dorling Kindersley:** RGB Research Limited (gom). **48 Alamy Stock Photo:** Historic Collection (gom); INTERFOTO / Personalities (m). **Getty Images / iStock:** E+ / geremme (mlu). **50 Alamy Stock Photo:** Science History Images / Photo Researchers (gor); Süddeutsche Zeitung Photo / Scherl (um). **Science Photo Library:** Michael Abbey (ul). **51 Alamy Stock Photo:** Imagebroker / Arco / Joko (mru). **52 Alamy Stock Photo:** Pictorial Press Ltd. (gol); Science History Images / Photo Researchers (mlo). **53 Alamy Stock Photo:** The Print Collector / Heritage Images (gol). **Science Photo Library:** Eye Of Science (mro); James Gathany (mr). **54 Alamy Stock Photo:** INTERFOTO / Personalities (gol). **55 Getty Images:** Hulton Archive / Print Collector (mu). **Wellcome Collection:** (ur). **56 Alamy Stock Photo:** Granger Historical Picture Archive, NYC (ul). **57 123RF.com:** ballykdy (mro). **Dreamstime.com:** Witold Krasowski (ul); Waltercicchetti (fcro). **58 Getty Images:** Stockbyte / C Squared Studios (um). **59 Alamy Stock Photo:** deefish (mro). **Dreamstime.com:** Stewart Behra (mo); Sierpniowka (ur); Dphiman (um). **Getty Images:** Stockbyte / David Bishop Inc. (gor). **60 Alamy Stock Photo:** bildagentur-online.com / th-foto (mlo); History and Art Collection (gor). **Science Photo Library:** Dr Kari Lounatmaa (um). **61 Division of Medicine and Science National Museum of American History, Smithsonian Institution:** (mru). **62 Dreamstime.com:** Mykhailo Baidala (ur); Beata Jana Filarova (um). **Getty Images:** Science Photo Library / Wladimir Bulgar (mr); The Image Bank / Ian Logan (ml). **63 Dorling Kindersley:** The Science Museum (ul). **Dreamstime.com:** Miloszbudzynski (mr). **Getty Images / iStock:** Coprid (mro). **Getty Images:** Science & Society Picture Library (gol); Science Photo Library / Wladimir Bulgar (ur). **64 Getty Images:** Mondadori Portfolio (gol). **65 Alamy Stock Photo:** Travel USA (ur). **66 Getty Images:** SSPL / Science Museum (mu). **Science Photo Library:** Andrew Lambert Photography (ul). **67 Alamy Stock Photo:** Science Photo Library / Kateryna Kon (mru). **Science Photo Library:** Corbin O'grady Studio (gor). **68 Alamy Stock Photo:** Newscom / BJ Warnick (gol). **NASA:** JPL / Cornell University (mu). **69 Alamy Stock Photo:** Newscom / BJ Warnick (mru). **Dreamstime.com:** Unteroffizier (gom). **70 Dreamstime.com:** Artem Egorov (mu). **Getty Images:** French Select / Bertrand Rindoff Petroff (gor). **71 Getty Images / iStock:** E+ / t_kimura (gor). **74 Dorling Kindersley:** Science Museum, London (mu). **Dreamstime.com:** Georgios Kollidas (gol). **75 Dorling Kindersley:** The Science Museum, London (mlu). **Getty Images / iStock:** Stocktrek Images (gol). **76 Alamy Stock Photo:** CPA Media Pte Ltd. / Pictures From History (mru); IanDagnall Computing (ul). **77 Dorling Kindersley:** Science Museum, London (mr). **78 Alamy Stock Photo:** GL Archive (gol); Süddeutsche Zeitung Photo / Scherl (mu). **79 Getty Images:** Science & Society Picture Library (ur). **80 Alamy Stock Photo:** World History Archive (gol). **81 Alamy Stock Photo:** Alliance Images (mr); Pascal Boegli (um). **Getty Images:** Roger Viollet / Boyer (gor). **82 Alamy Stock Photo:** IanDagnall Computing (gol). **Getty Images / iStock:** Ralf Geithe (mlu). **83 Science Photo Library:** Otis Historical Archives, National Museum Of Health And Medicine (ur). **84 Alamy Stock Photo:** Malcolm Haines (mro); Pictorial Press Ltd. (gol). **86 Getty Images:** Bettmann (gol). **87 Hagströmer Medico-Historical Library, Karolinska Institutet:** (mru). **NASA:** (mr). **88 Alamy Stock Photo:** VTR (ul). **Dreamstime.com:** Yodke67 (mru). **89 Alamy Stock Photo:** PJF Military Collection (um). **Getty Images:** Bettmann (mlu). **90 Dorling Kindersley:** The Science Museum (mlo). **Getty Images:** Corbis Historical (gor); Hulton Archive / Apic (mru); Science & Society Picture Library (ul). **91 Alamy Stock Photo:** ClassicStock / H. ARMSTRONG ROBERTS (gol); Chris Willson (mru); INTERFOTO / History (um). **Dreamstime.com:** Axstokes (ur); Cowardlion (gom). **Getty Images / iStock:** E+ / DSGpro (mro). **92 Alamy Stock Photo:** Aviation one (ml). **Dreamstime.com:** David Lloyd (mlo). **93 NASA:** (gor). **94 Alamy Stock Photo:** Science History Images / Photo Researchers (gol). **95 Alamy Stock Photo:** Science History Images / Photo Researchers (gor). **National Science Foundation, USA:** Steven C. Buhneing (ur). **96 Getty Images:** Hulton Archive / John Byrne Cooke Estate (gol). **97 NASA:** Chandra / CXC (um). **Science Photo Library:** (mro); I. Andersson, Oxford Molecular Biophysics Laboratory (mru); DESY (ur). **98 NASA:** (ul). **99 Alamy Stock Photo:** stock imagery (mru). **NASA:** Bob Nye (mo). **100 Alamy Stock Photo:** Forance (mo); PA Images / Peter Byrne (gor). **Dreamstime.com:** Sergei Chaiko (um); Andrei Dzemidzenka (ur). **101 Alamy Stock Photo:** Paulo Oliveira (mlo). **Dreamstime.com:** Anteroxx (gor); Dmitry Vinogradov (mo/mor); Olga Popova (mlu); Anton Starikov (um). **Getty Images / iStock:** orestegaspari (mo). **102 Alamy Stock Photo:** Darling Archive (gol). **104 Sau Lan Wu:** Jeff Miller, University of Wisconsin-Madison. (gor). **105 Alamy Stock Photo:** ZUMA Press, Inc. / © George Grassie (mr). **106 Getty Images:** French Select / Bertrand Rindoff Petroff (gol). **107 Science Photo Library:** Gregoire Cirade (ur). **111 NASA:** JPL (mr). **112 Alamy Stock Photo:** CPA Media Pte Ltd. / Pictures From History (gol). **Dorling Kindersley:** Stephen Oliver (ul); Science Museum, London (mlo). **113 Getty Images / iStock:** pixhook (ul). **114 Alamy Stock Photo:** FLHC 63 (gor). **115 Alamy Stock Photo:** Granger Historical Picture Archive, NYC (gom); The Reading Room (ul). **Getty Images:** Gamma-Rapho / Jean-Michel COUREAU (mro . **116 Alamy Stock Photo:** Science History Images / Photo Researchers (ul); World History Archive (gol). **117 Alamy Stock Photo:** The History Collection (gor). **118 Science Photo Library:** (gol). **120 Alamy Stock Photo:** Suedeutsche Zeitung Photo / Knorr + Hirth (ul). **121 Alamy Stock Photo:** Pictorial Press Ltd. (ur). **122 Alamy Stock Photo:** Daniel J. Cox (mru). **Getty Images:** Ernesto Burciaga / Omniphoto.com (ul). **NASA:** Europäische Weltraumorganisation / Technische Universität Dänemark (mu); Kim Shiflett (gor). **123 Alamy Stock Photo:** Xinhua (gor). **Dreamstime.com:** Andrey Armyagov (mlo). **NASA:** (mu); Johns Hopkins Applied Physics Laboratory / Southwest Research Institute (gol); ESA, CFHT, CXO, M.J. Jee (University of California, Davis), and A. Mahdavi (San Francisco State University) (ur). **Science Photo Library:** James King-Holmes (ul). **124 Alamy Stock Photo:** Pictorial Press Ltd. (mlu); Science History Images / Photo Researchers (gol). **Science Photo Library:** Hale Observatories (ul). **125 NASA:** (ur). **126 Alamy Stock Photo:** Science History Images / Photo Researchers (mlo). **126–127 NASA:** SDO (gom). **127 Alamy Stock Photo:** Science History Images (mro). **128 Alamy Stock Photo:** allOver images / TPH (u). **129 Alamy Stock Photo:** World History Archive (ur). **130 Science Photo Library:** Jeremy Bishop (ul). **131 Getty Images:** Moment Open / by Mike Lyvers (gor). **132 Alamy Stock Photo:** Krzysztof Jakubczyk (mlu); Ruby (gol); NASA Image Collection (um). **133 NASA:** Event Horizon Telescope Collaboration (gor). **134 Alamy Stock Photo:** Erik Pendzich (gol). **Getty Images:** FOX Image Collection (ml). **135 Alamy Stock Photo:** Eddie Toro (gol).

Alle anderen Abbildungen © Dorling Kindersley
Weitere Informationen unter: www.dkimages.com

Nachweis der verwendeten Zitate:
Der Verlag hat sich bemüht, alle Rechteinhaber ausfindig zu machen. Eventuelle Auslassungen werden wir bei entsprechendem Hinweis gern in einer späteren Auflage korrigieren.

S. 22: Rachel Carson, *Der stumme Frühling*, S. 83, Verlag C. H. Beck (2007).
S. 34: Dian Fossey, zitiert nach: *Bellen und Grunzen*, in DER SPIEGEL 35/1988 (https://www.spiegel.de/wissenschaft/bellen-und-grunzen-a-70349fe2-0002-0001-0000-000013531513)
S. 57: Alexander Fleming, zitiert nach Kelch, Johanna: *Die Wunderwaffe der Medizin – Penicillin wurde durch Zufall entdeckt*, in MDR Zeitreise (12.02.2021) (https://www.mdr.de/zeitreise/zufallsfunde-medizin-penicillin-viagra-100.html).
S. 87: Erwin Schrödinger, zitiert nach: *Von der Quantenmechanik zur Quantentechnologie*, Universität Wien (19.03.2017) (https://geschichte.univie.ac.at/de/artikel/von-der-quantenmechanik-zur-quantentechnologie).
S. 94: Chien-Shiung Wus, zitiert nach Lawrence M. Krauss: *Das größte Abenteuer der Menschheit: Vom Versuch, das Universum zu entschlüsseln*, Knaus (2017).
S. 96: Albert Baez, übersetzt aus Kristian H. Nielsen: *Ideas, politics and practices of integrated science teaching in the global Cold War*, Cambridge University Press (14.02.2018).
S. 99: Katherine Johnson, zitiert nach: *Nasa-Mathematikerin Katherine Johnson ist tot*, SPIEGEL Wissenschaft (24.02.2020) (https://www.spiegel.de/wissenschaft/raumfahrt-pionierin-katherine-johnson-ist-tot-a-6c43fbd3-3513-42e9-8fa7-f1af7c372053).
S. 104: Sau Lan Wu, übersetzt aus *Sau Lan Wu*, Canadian Association for the Club of Rome (07.08.2018) (https://canadiancor.com/sau-lan-wu/).
S. 133: Stephen Hawking, *Kurze Antworten auf große Fragen*, Klett-Cotta (2018).
S. 135: Neil deGrasse Tyson, übersetzt aus *In the Beginning*, Natural History Magazine (September 2003) (https://www.haydenplanetarium.org/tyson/essays/2003-09-in-the-beginning.php).

NOCH MEHR GENIALES WISSEN:

Mega-Wissen. Natur und Technik
ISBN 978-3-8310-4035-3
Ab 8 Jahren
26,95 € (D) / 27,80 € (A)

Philosophie für clevere Kids
ISBN 978-3-8310-4235-7
Ab 10 Jahren
19,95 € (D) / 20,60 € (A)

Menschen der Geschichte
ISBN 978-3-8310-4207-4
Ab 10 Jahren
24,95 € (D) / 25,70 € (A)

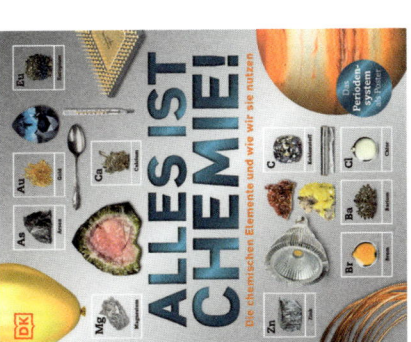

Alles ist Chemie!
ISBN 978-3-8310-3339-3
Ab 10 Jahren
16,95 € (D) / 17,50 € (A)

Wozu eigentlich Mathe?
ISBN 978-3-8310-4066-7
Ab 9 Jahren
14,95 € (D) / 15,40 € (A)

DK

www.dk-verlag.de

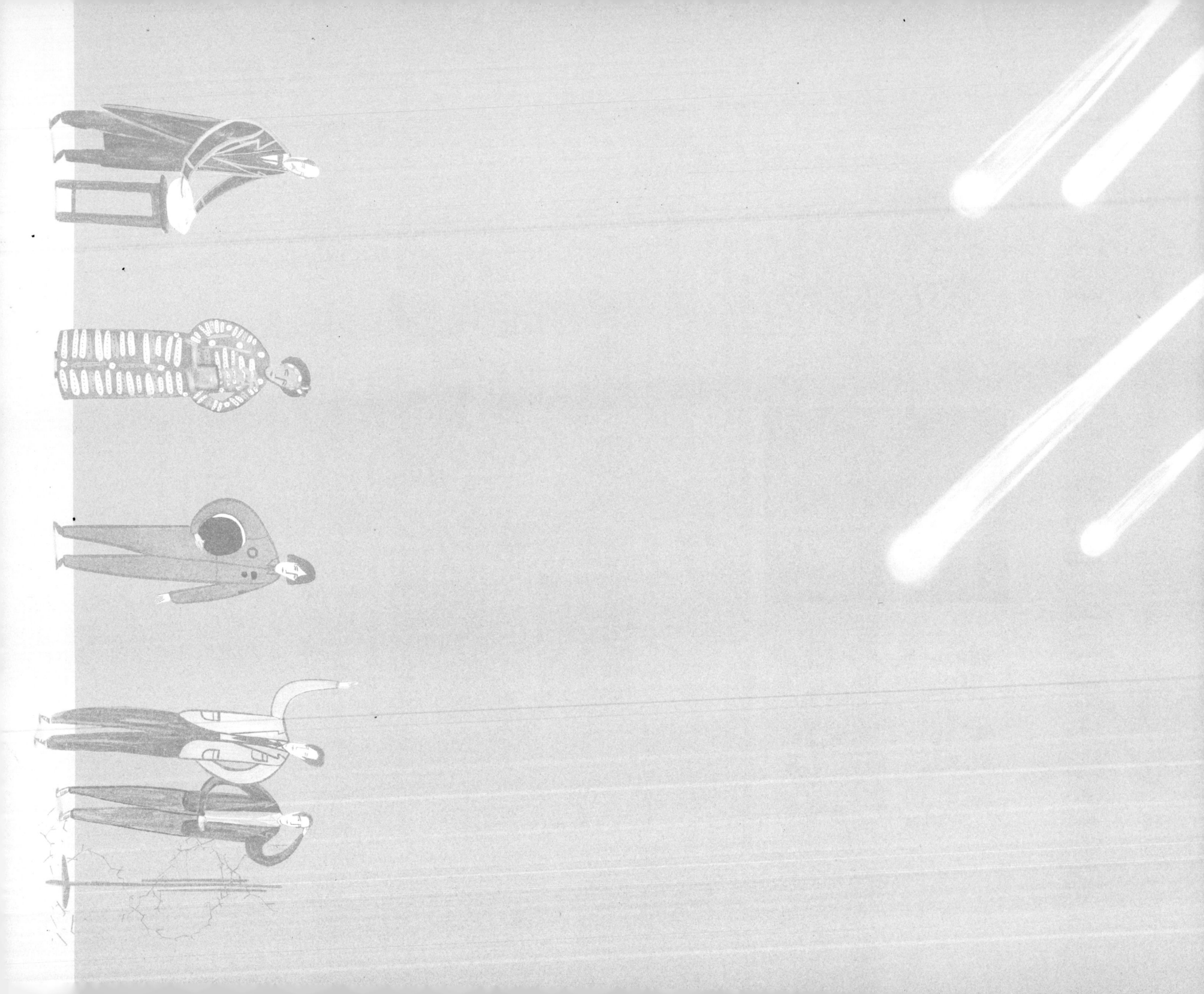